布还可以这样玩

Buhaikeyizheyangwan

犀文图书 编著

天津出版传媒集团

 天津科技翻译出版有限公司

P R E F A C E

前言

bu hai ke yi zhe yang wan

布还可以这样玩

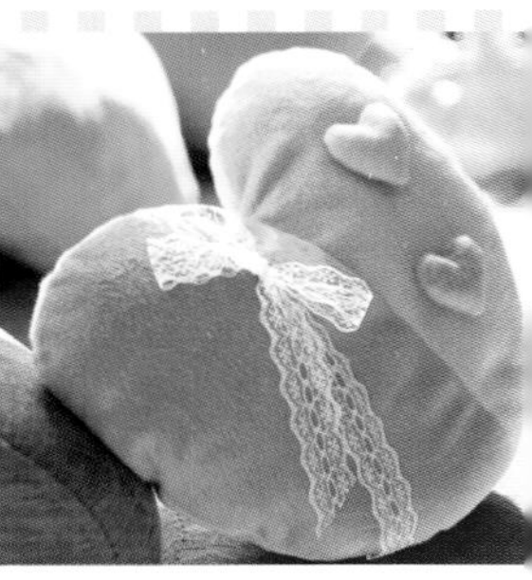

儿时当拿着芭比娃娃的时候，总是希望她的衣服永远穿不完，也希望能改一改或者是DIY出与众不同的芭比娃娃服饰。现在虽然没有继续拿着芭比娃娃过家家，但是，面对着市面上众多生产线下来的各种淘宝爆款、同款的服饰或者是小饰物，是不是感觉到自己就要被同化了，没有了个性？是否让人突然有种重新拿起剪刀和布料，DIY出可以穿戴配饰的冲动呢？

手工布艺在当下已逐渐形成一种时尚，是展现年轻人具有独特的个性、创新的想法的一种形式。它不仅让那些标榜个性、独特的手工爱好者爱不释手，沉醉在那种将创意转化成为实物的自豪感中，而且通过自己一双巧手将一块碎布转化成饰品、玩偶、家居用品等布艺制品，循环利用，勤俭节约，符合了当今时代环保的主题，而且物美价廉，取材方便。所以，热爱手工的人也是热爱生活的人。

本书以图片和文字结合的方式，介绍了手工布艺制作过程中运用到的一些基础方法。利用作品的制作来引导大家学习，操作过程简单易懂，加上各种新颖的奇妙创意，让初学者或是具有一定基础的手工爱好者从中受到启发，创造出无限可能。我们可以把手工制品当作一个小礼物送给亲朋好友，表达我们一份心意，传达我们暖暖的爱意。同样，也可以通过手工制品为我们的家庭增添光彩，锦上添花，展示自己的动手能力，挖掘自己的内在潜力。

CONTENTS

目录

bu hai ke yi zhe yang wan

布还可以这样玩

1 玩法入门

7 玩出可爱创意小物

87 玩成环保居家小物

玩法入门

Game introduction

基本材料

● 各式花布、帆布等：这是手工布艺的最基本材料。

● 蕾丝花边：可以修饰布边。

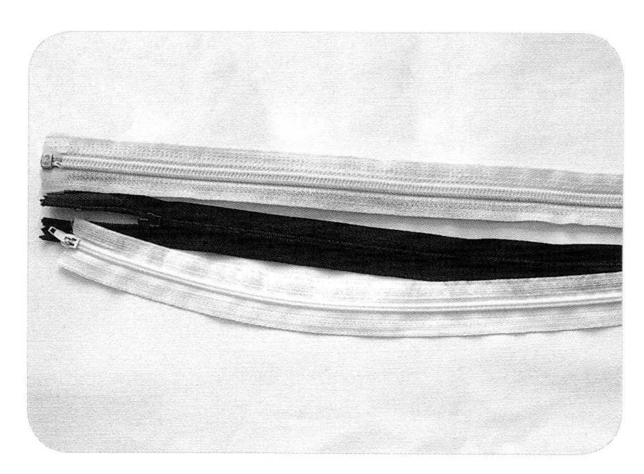

● 拉链：使物品合并或分离的连接件。

● 各种颜色线：用来绣图案或缝制布片。

● 珠子：可增添色彩，起到装饰作用。

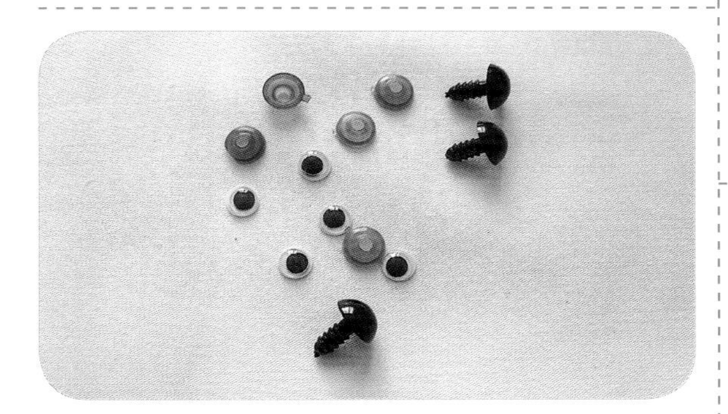

● 各式玩偶的眼睛、鼻子

● 钮扣：用来扣合布料的小物件。

● 不织布：又称无纺布，是指不经过平织或针织的传统编织方式制成的布。

● PP 棉：是一种再生涤纶短纤，弹性好，膨松度强，造型美观，耐压，易洗，快干，可做填充料。

基本工具

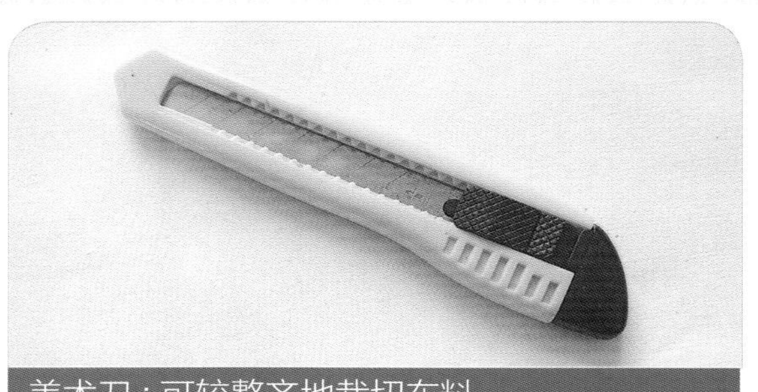

美术刀：可较整齐地裁切布料。

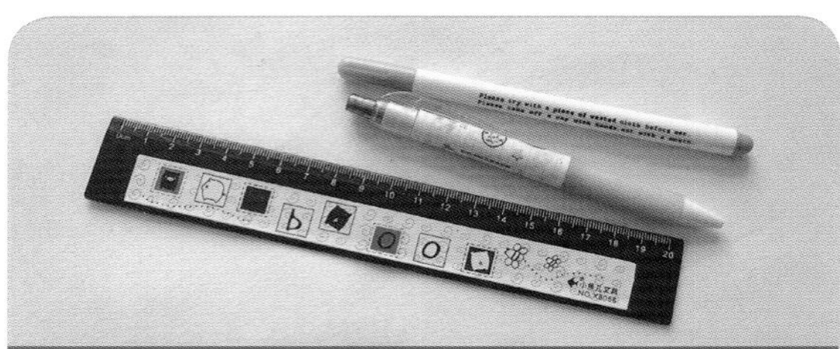

尺子和笔（气消笔）：画图用（气消笔的笔迹过后会自动消失）。

剪刀：做裁剪用。

针：可缝制布料。

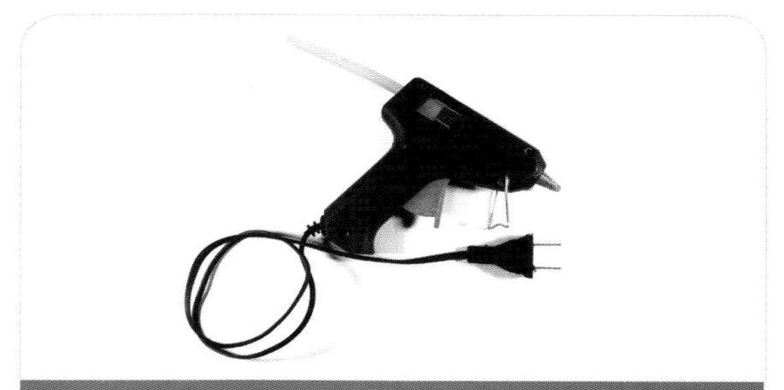

胶枪：黏合各种小配件或者小装饰物。

电熨斗：可使布和褶皱整齐。

小贴士　手工布艺的流程：

准备材料——裁剪——手工缝制（缝纫）——修补（一些不完善的地方）——装饰或黏合（眼睛、鼻子、珠子等）——整理

必学针法

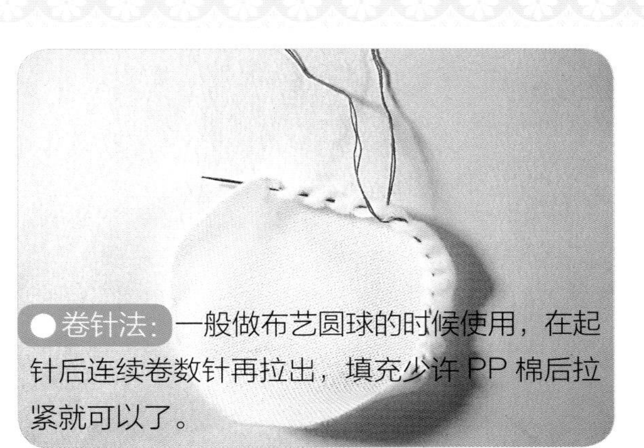

●卷针法：一般做布艺圆球的时候使用，在起针后连续卷数针再拉出，填充少许 PP 棉后拉紧就可以了。

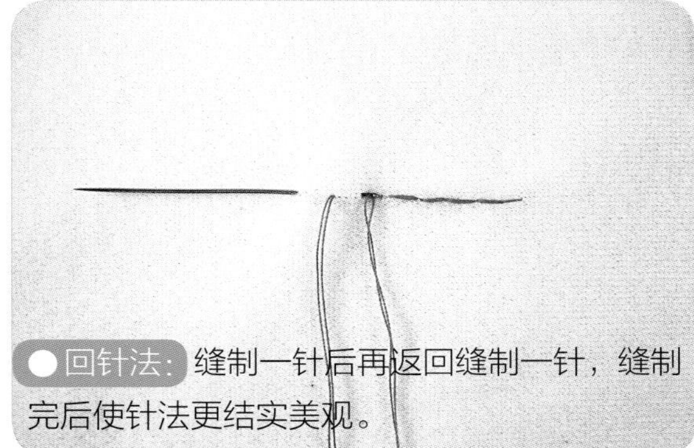

●回针法：缝制一针后再返回缝制一针，缝制完后使针法更结实美观。

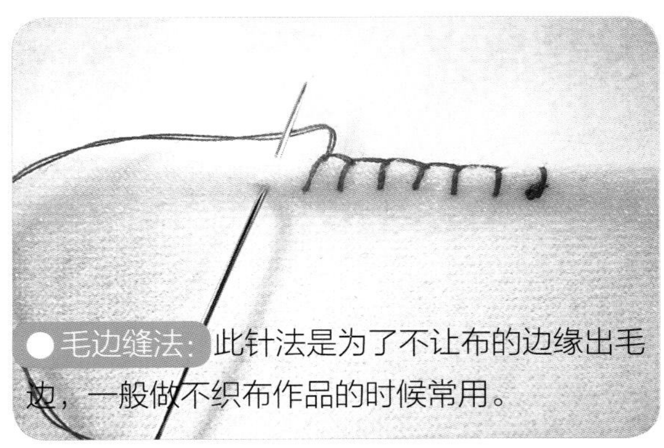

●毛边缝法：此针法是为了不让布的边缘出毛边，一般做不织布作品的时候常用。

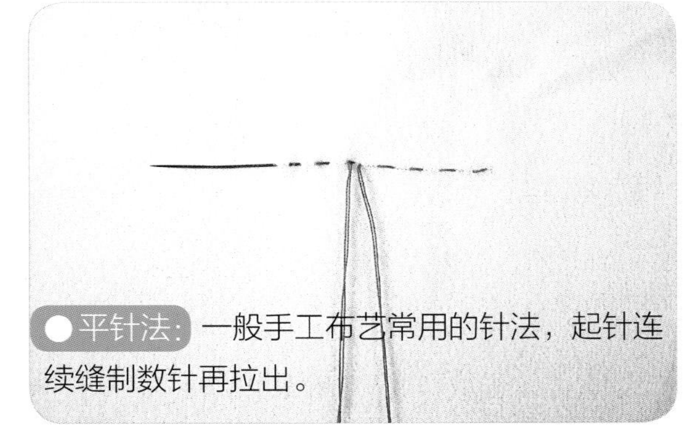

●平针法：一般手工布艺常用的针法，起针连续缝制数针再拉出。

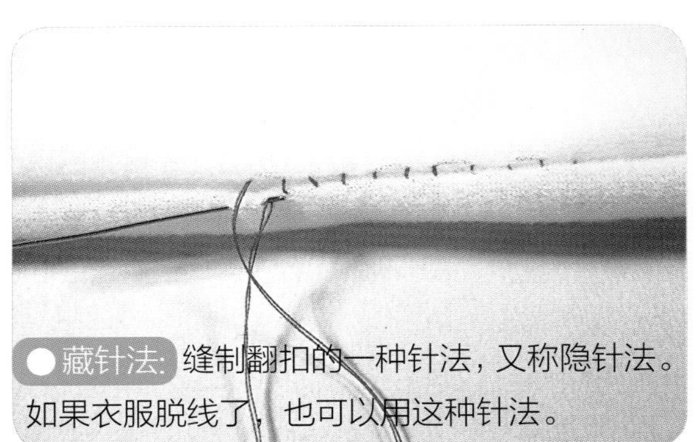

●藏针法：缝制翻扣的一种针法，又称隐针法。如果衣服脱线了，也可以用这种针法。

针法专用名词说明：

缩缝：用平针缝后，将线拉缩，使布缩成细褶。

缝份：将两片布缝合后，从布边到缝线的部分。

开口：两块布片在反面缝合后，在翻转到正面之前，在凹处缝份剪几下，可使正面更平滑。

返口（翻转口）：两片布在反面缝合时预留的洞口，以便翻转到正面。

入门绣法

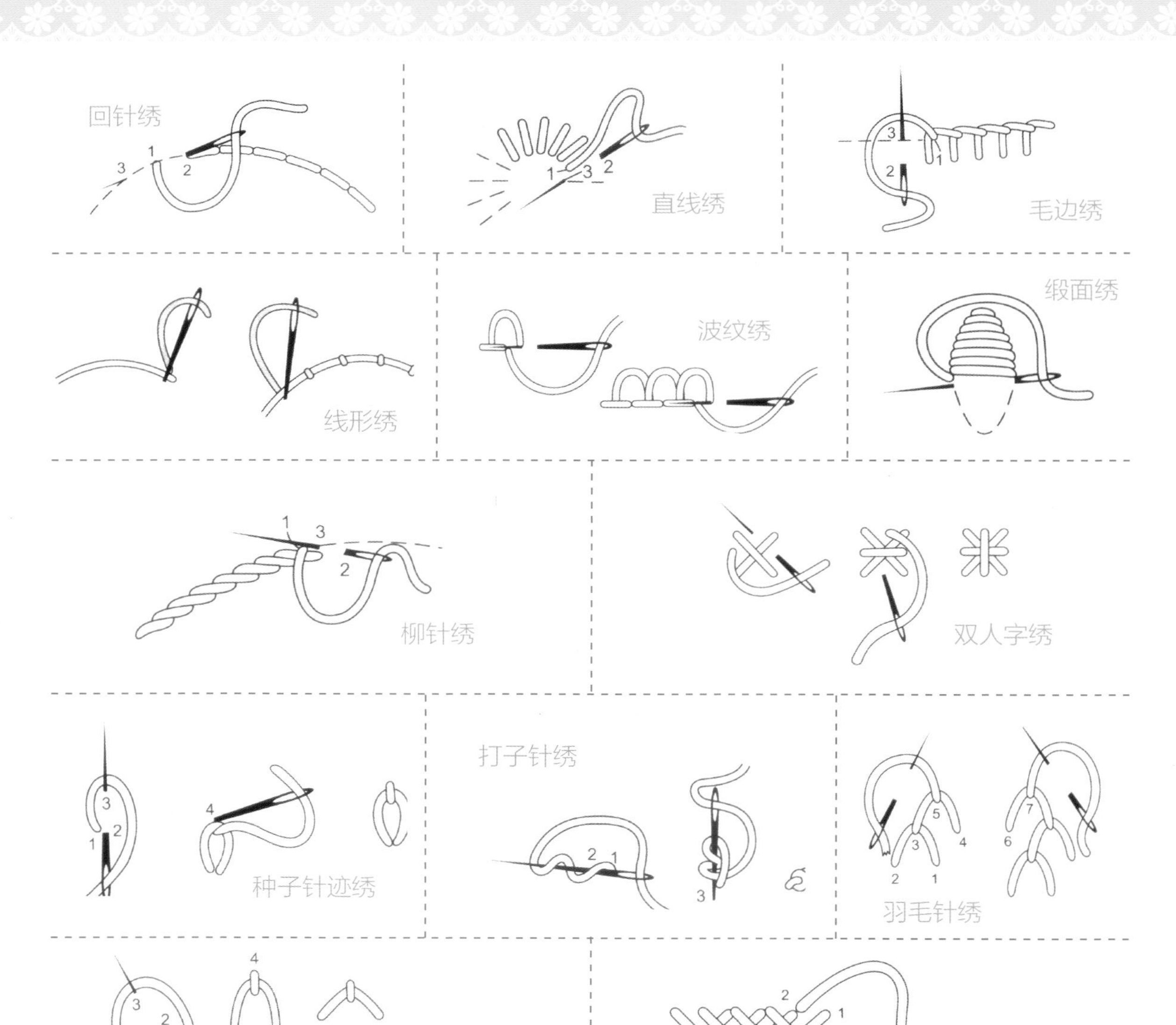
回针绣
3
1
2
1
3
2
直线绣
3
2
1
毛边绣
线形绣
波纹绣
缎面绣
1
3
2
柳针绣
双人字绣
3
1
2
4
种子针迹绣
打子针绣
2
1
3
5
3
4
2
1
7
6
羽毛针绣
3
2
1
4
开放式种子针迹绣
2
1
4
3
鱼骨绣

玩出可爱创意小物

Lovely creative decorations

Fei ben xiao mao wan dian

飞奔小猫腕垫

整天对着电脑，不光要保护好眼睛，也要为你的手腕着想哦，给手腕配上一个护垫吧，保证你会舒服一整天！

纸样图

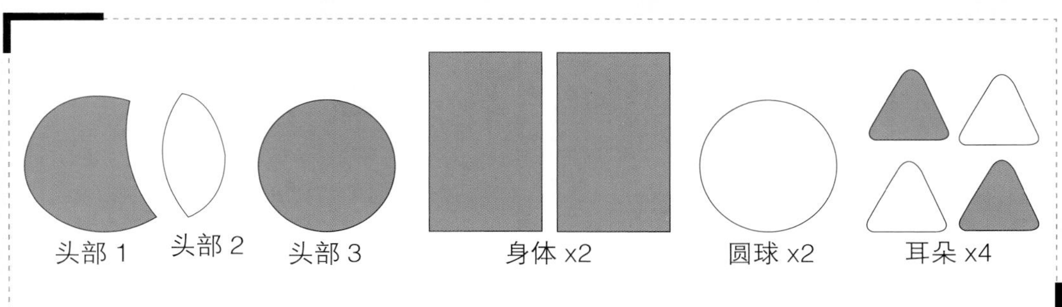

材料 白色、深蓝色绒布，眼睛 1 对，绣线、 PP 棉适量

玩法

1. 剪出头部 1 和头部 2 两块布片做猫咪的脸片（如图所示）。
2. 将两块布片缝合在一起。
3. 剪出头部 3 布片。
4. 剪出 4 块三角形状的布片做耳朵。
5. 每两块相对缝合，并翻转过来。
6. 将耳朵固定在脸片上。
7. 将步骤 2 的脸片和步骤 3 的圆片正面相对缝合在一起，然后在如图位置剪 1 个小口。

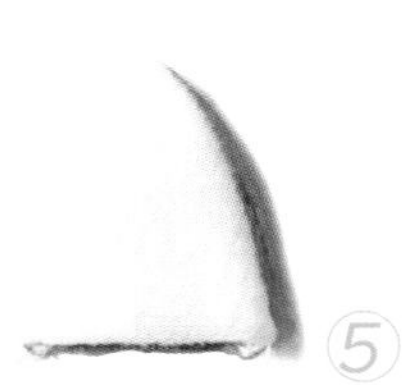

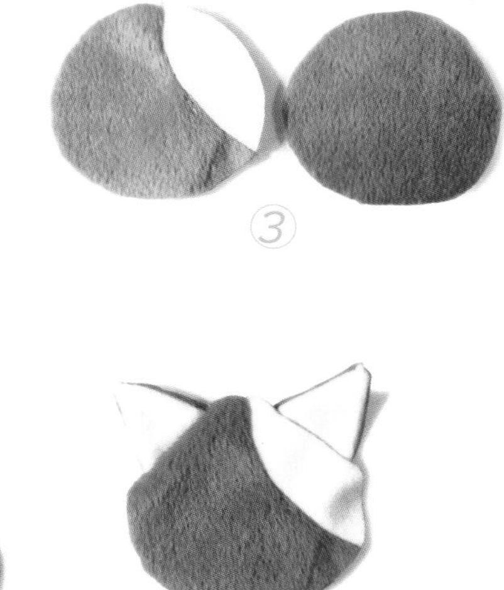

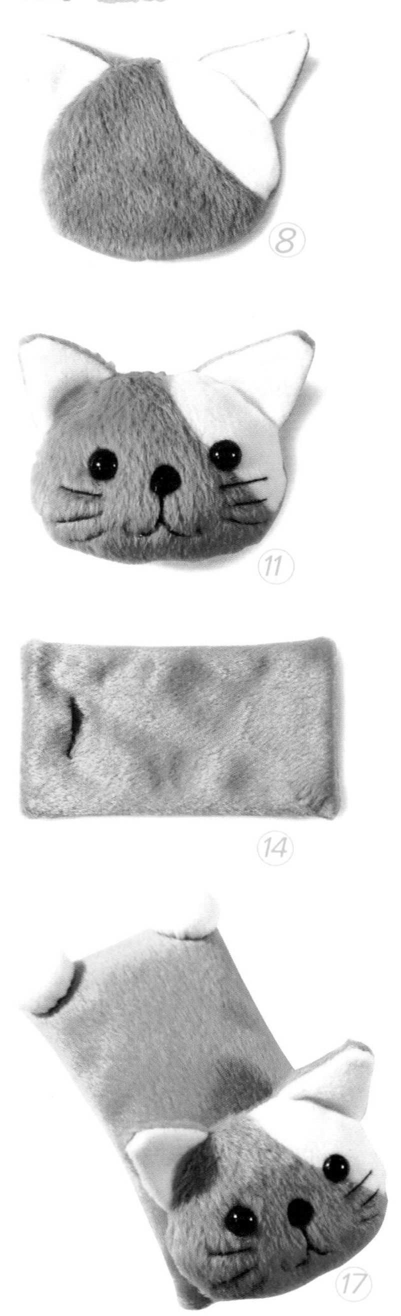

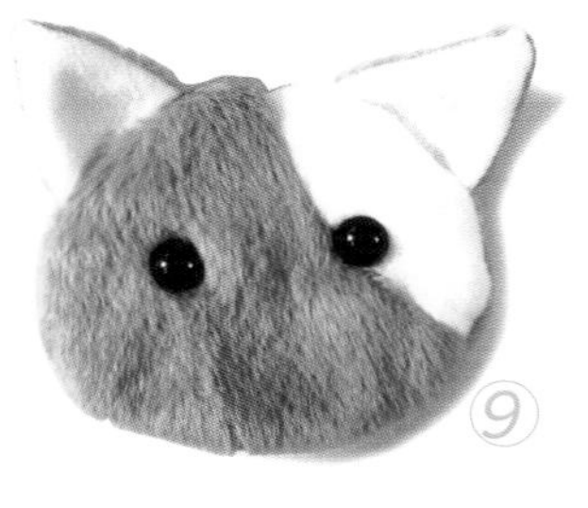

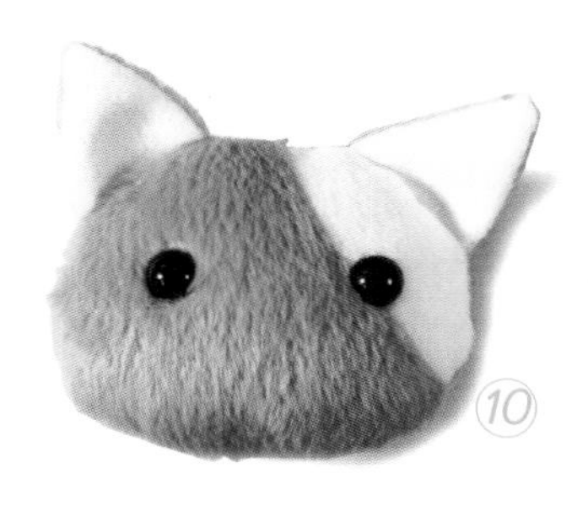

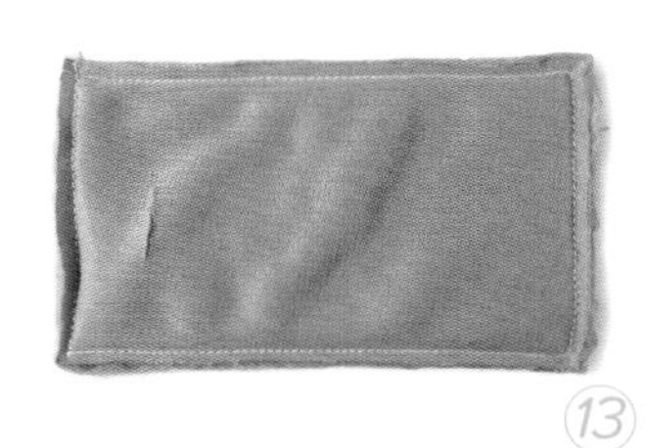

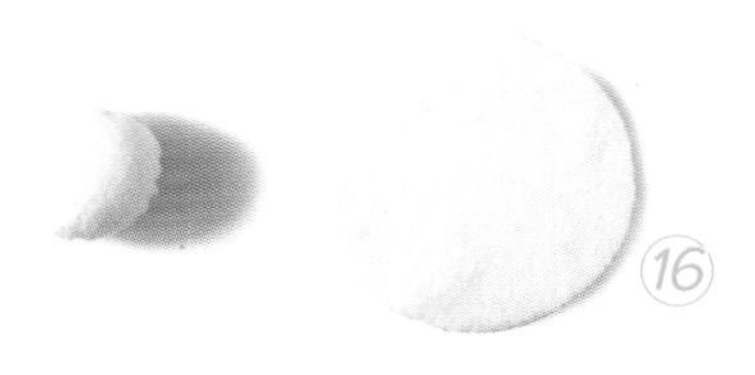

8. 从小口将头部翻转过来。
9. 取两个黑色珠子当作猫咪的眼睛。
10. 给猫咪头部填充好 PP 棉。
11. 用线缝制出鼻子、嘴巴和胡须。
12. 剪出两块相同尺寸的长方形布片。
13. 正面相对缝合，并剪 1 个 1.5 厘米的翻转口。
14. 翻转过来后的样子。
15. 填充好足够的 PP 棉后，将头缝合在身体上。
16. 剪出两块圆形片，再做成两颗圆形球。
17. 将两颗圆球缝制在身体的两个边角上。简易的猫咪鼠标腕垫就完成了。

青蛙手指玩偶

这是一款适合卖萌的手指玩偶，不仅可以把它套在手指上扮可爱，还可以当成笔套。即使是在枯燥的工作中，您也可以从中找到乐趣。

纸样图

头部x2　身体x2　手掌x4　胳膊x4　围巾x1

材料　绿色绒布，黄色花布，黑色、白色不织布，绣线，PP 棉适量

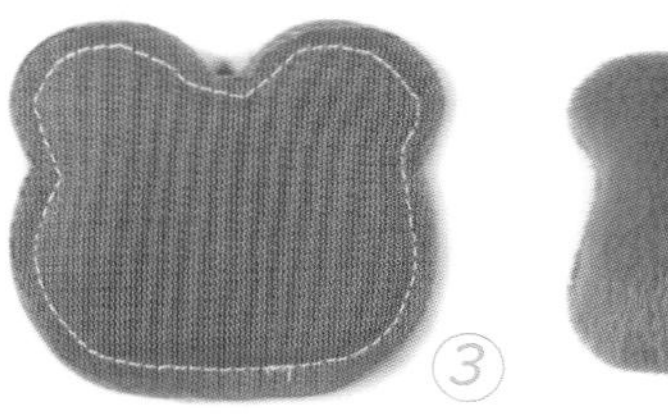

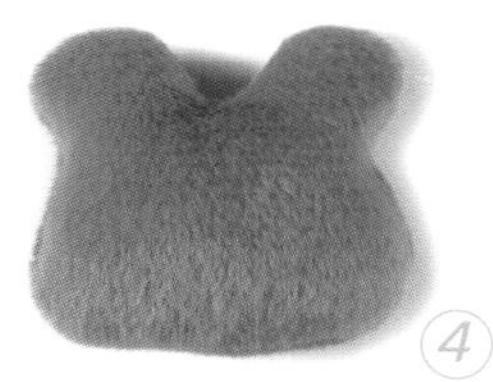

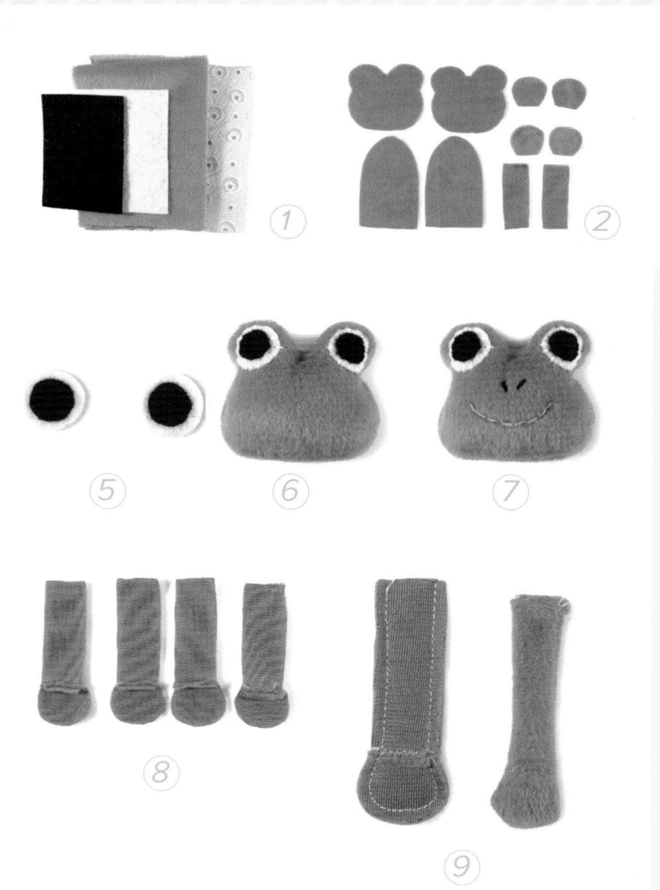

玩法

1. 准备好材料。
2. 剪出各部位的形状（如图所示）。
3. 将两块头部的布片正面相对缝合一圈，并剪 1 个返口。
4. 将头部翻转过来，填充好 PP 棉。
5. 如图剪两白两黑 4 块圆形不织布布片，白色部分比黑色部分大一圈。如图，将它们重叠固定在一起作为眼睛。
6. 将眼睛缝在如图位置。
7. 用绣线绣出青蛙的鼻子和嘴巴。
8. 将胳膊和手掌缝在一起。
9. 将步骤 8 缝好的其中两块布片相对缝合，然后翻转过来，填充好 PP 棉，另两块布片同法处理。

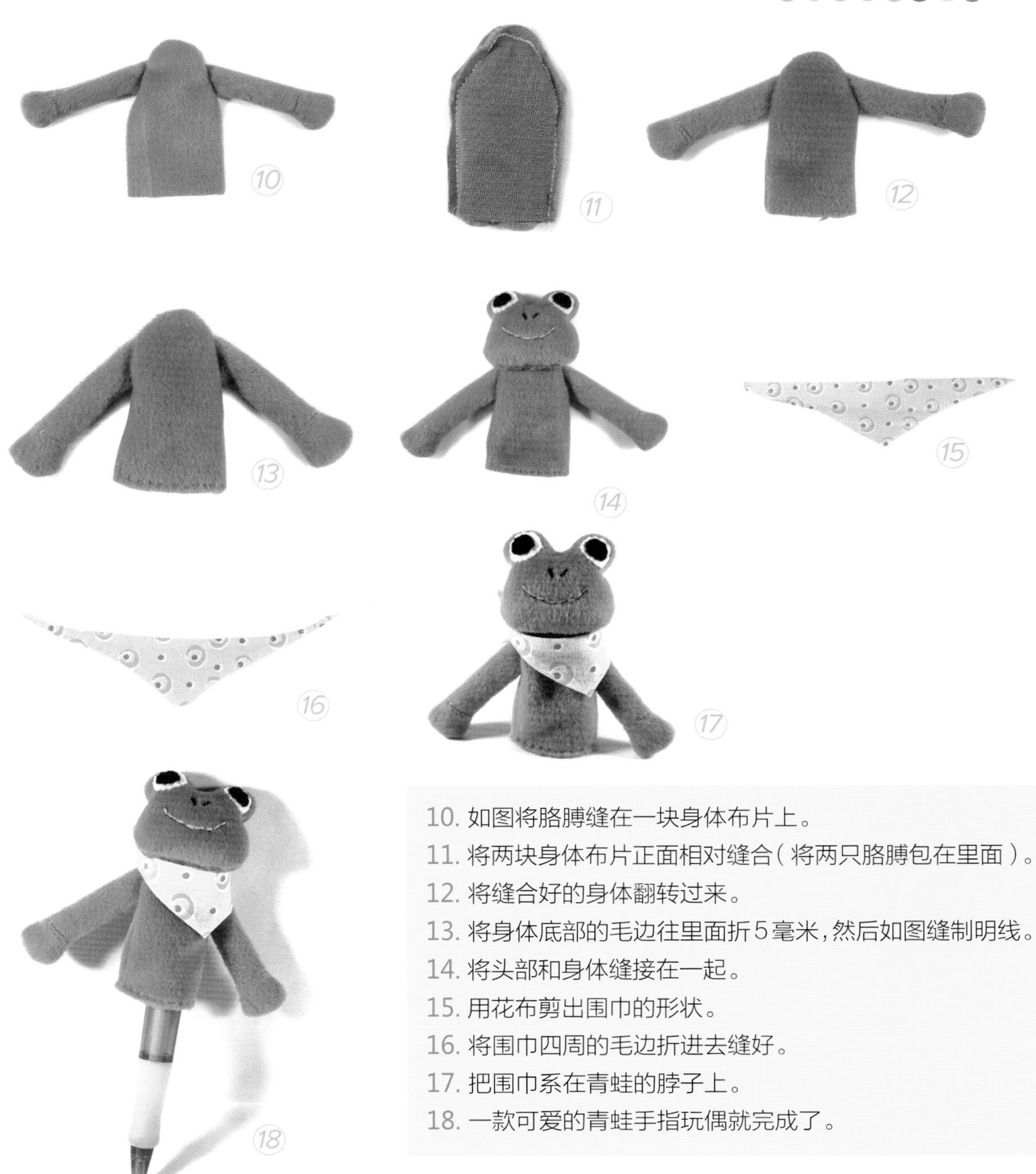

10. 如图将胳膊缝在一块身体布片上。
11. 将两块身体布片正面相对缝合（将两只胳膊包在里面）。
12. 将缝合好的身体翻转过来。
13. 将身体底部的毛边往里面折5毫米，然后如图缝制明线。
14. 将头部和身体缝接在一起。
15. 用花布剪出围巾的形状。
16. 将围巾四周的毛边折进去缝好。
17. 把围巾系在青蛙的脖子上。
18. 一款可爱的青蛙手指玩偶就完成了。

Ben pao xiao tu shu biao wan dian

奔跑小兔鼠标腕垫

对着电脑，握着鼠标，一天下来，手腕总会有各种不舒服，为避免这种情况的发生，您可以试着用这款小兔鼠标腕垫来保护您的手腕哦。

纸样图

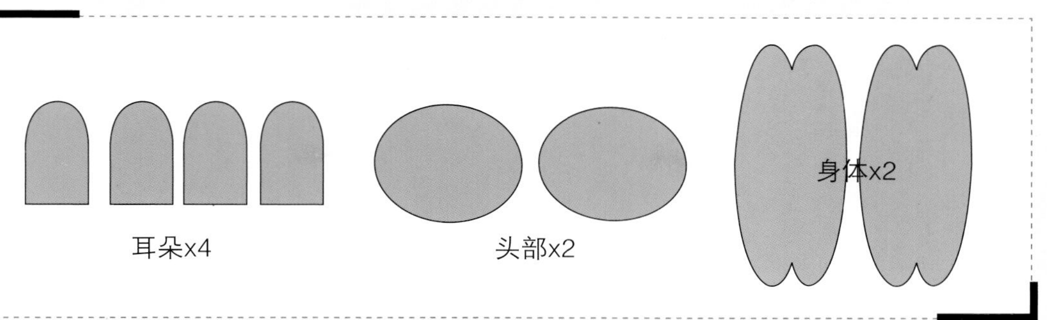

蓝色绒布，黑色眼睛 1 对，黑色绣线，PP 棉适量

玩法

1.剪出4片耳朵布片。

2.将其中两片耳朵布片相对缝合，另两片同法缝合。

3.将缝合好的耳朵布片翻转过来。

4.如图将耳朵布片对折后在底部缝好明线。

5.剪出两片头部布片。

6.把两只耳朵固定在头部布片上。

7.将两片头部布片正面相对缝合一圈（把两只耳朵包在里面），在中间剪1个返口。

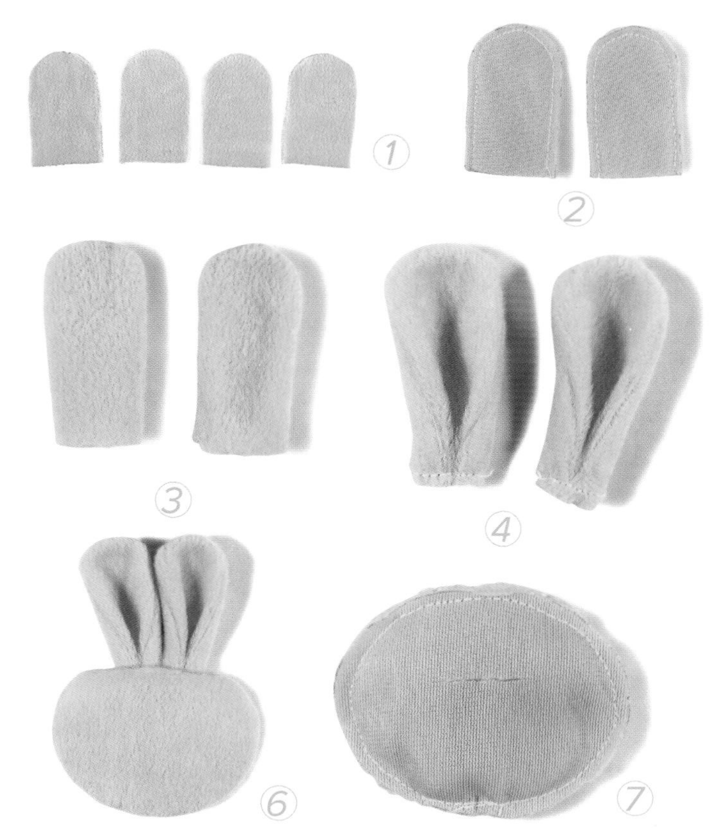

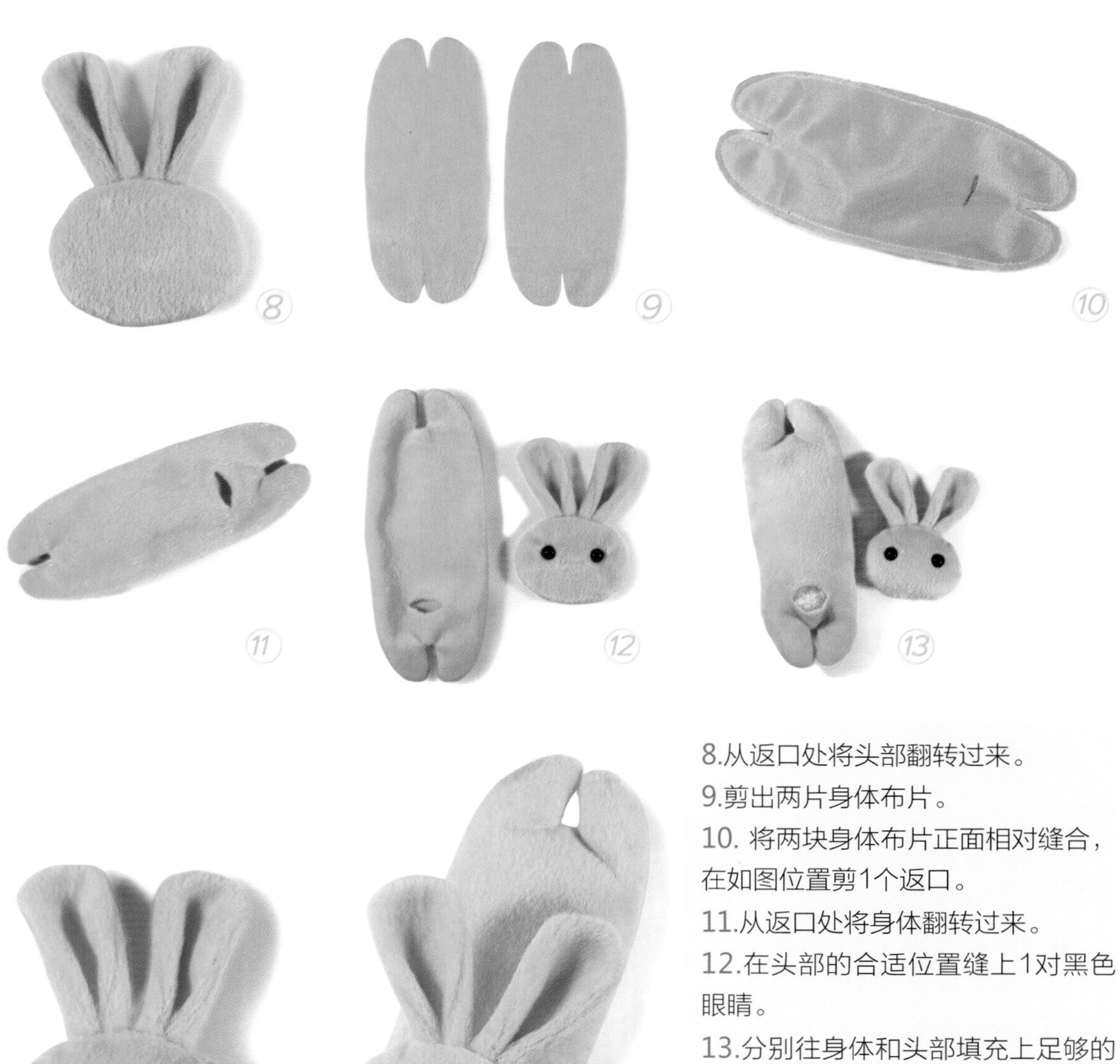

8.从返口处将头部翻转过来。

9.剪出两片身体布片。

10. 将两块身体布片正面相对缝合，在如图位置剪1个返口。

11.从返口处将身体翻转过来。

12.在头部的合适位置缝上1对黑色眼睛。

13.分别往身体和头部填充上足够的PP棉。

14.用黑色绣线在头部的合适位置绣出嘴巴。

15.将头部和身体缝合，即可完成奔跑小兔鼠标腕垫。

Chang jing lu

长　颈　鹿

胭脂粉的颜色，扑闪扑闪的眼睫毛，好一只羞答答的长颈鹿！

纸样图

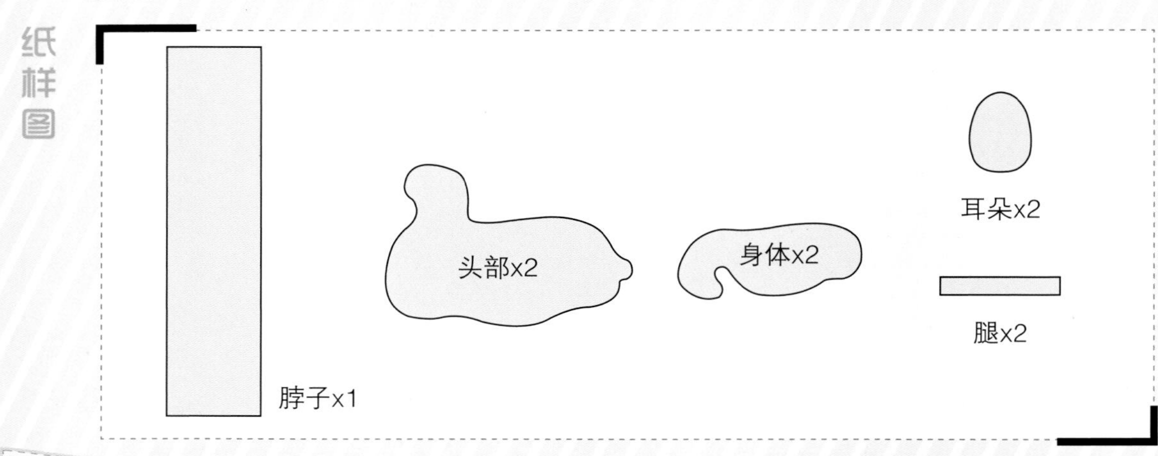

材料 胭脂色布片，花边 1 条，黑色绣线，气消笔，PP 棉适量

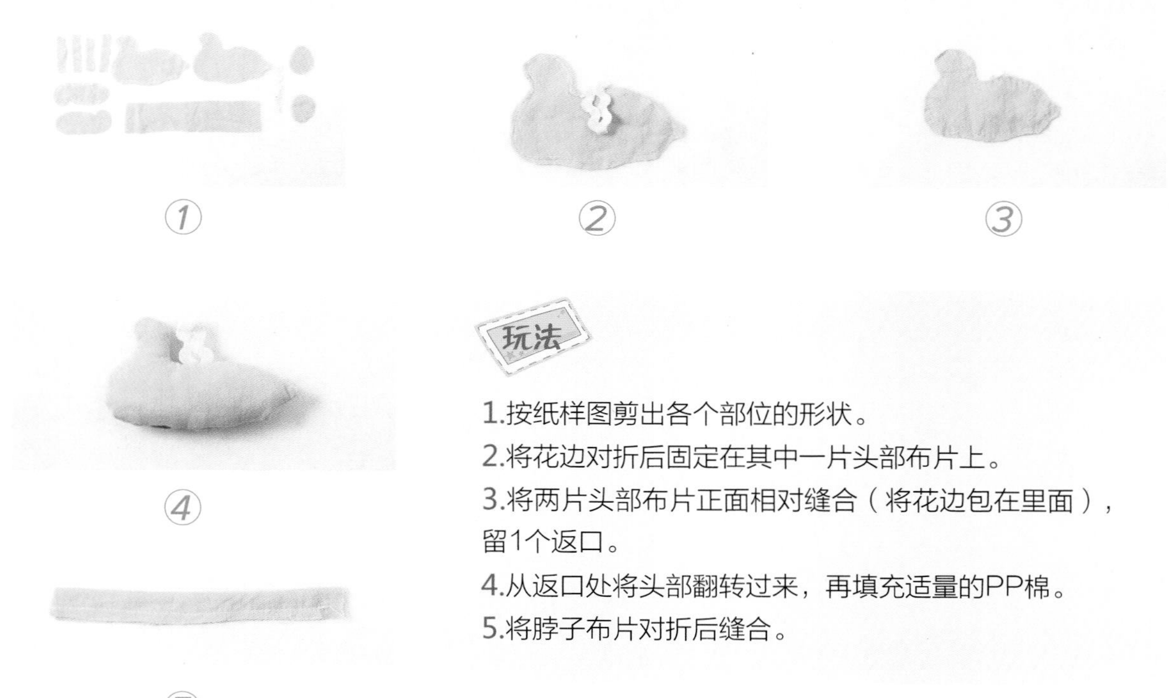

玩法

1.按纸样图剪出各个部位的形状。

2.将花边对折后固定在其中一片头部布片上。

3.将两片头部布片正面相对缝合（将花边包在里面），留1个返口。

4.从返口处将头部翻转过来，再填充适量的PP棉。

5.将脖子布片对折后缝合。

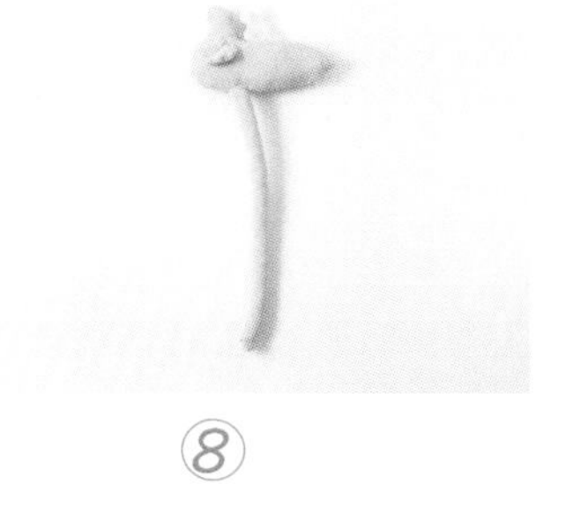

⑥ ⑦ ⑧

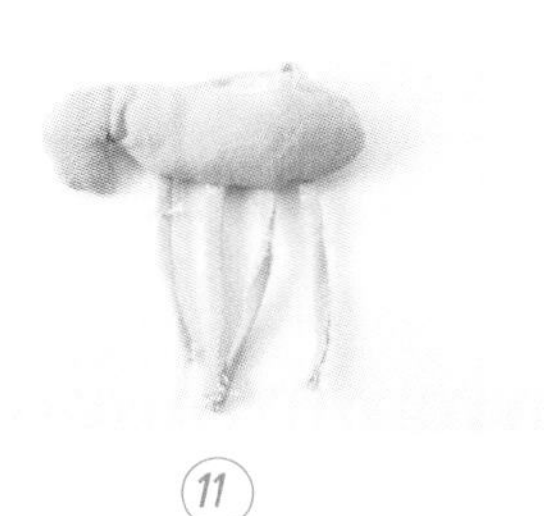

⑨ ⑩ ⑪

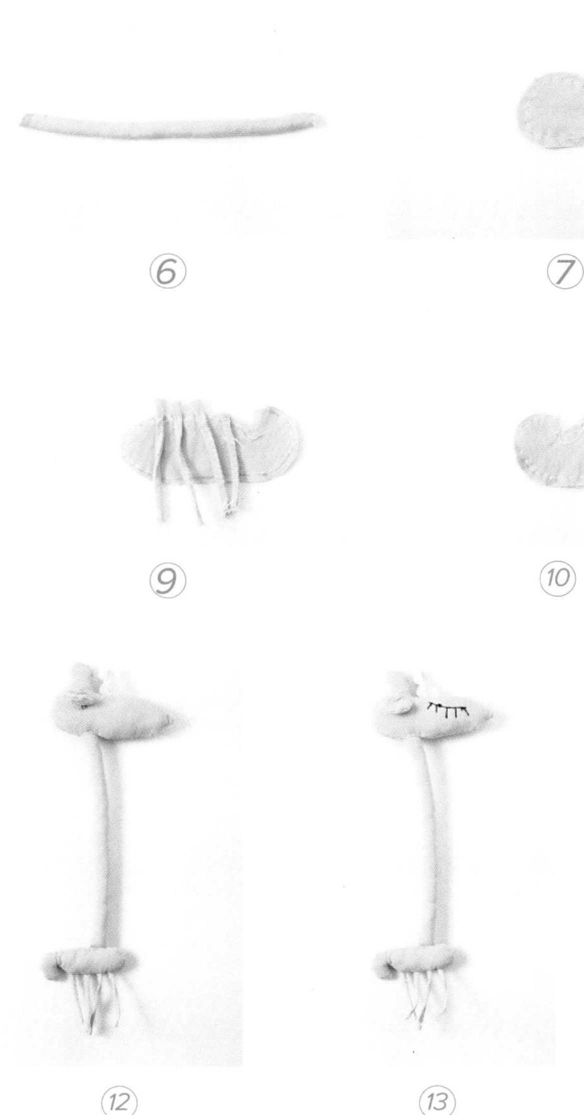

⑫ ⑬

6.将脖子翻转至正面，再填充PP棉。

7.将两片耳朵布片正面相对缝合，留1个返口。

8.从返口处将耳朵翻转至正面，然后将头部、脖子和耳朵如图缝接在一起。

9.将4片腿部布片如图缝接在其中一片身体布片上。

10.将两片身体布片正面相对缝合（将4片腿部片包在里面），留1个返口。

11.从返口处将身体翻转至正面，再填充PP棉。

12.将步骤8的部分和身体缝合在一起。

13.用气消笔在头部的合适位置画好眼睛，并用黑色绣线绣出眼睛，即可完成长颈鹿。

Xiao ying tao shou ji lian

小樱桃手机链

简约可爱，清新自然，人群中，它会是最吸引众人目光的一个，看樱桃在两片绿叶的掩盖下，少了惹眼，却多了妩媚。

纸样图

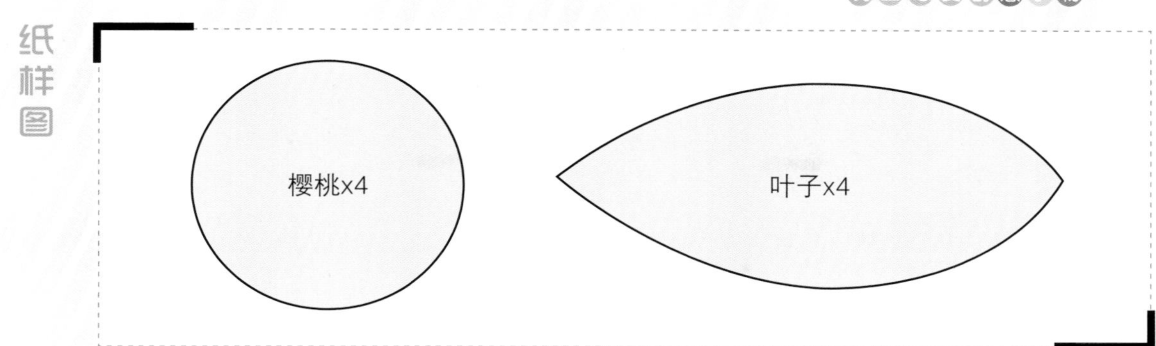

材料 红色、绿色布片，手机链 1 条，红色绣线，珠子若干，单圈 1 个，珠针，珍珠棉适量

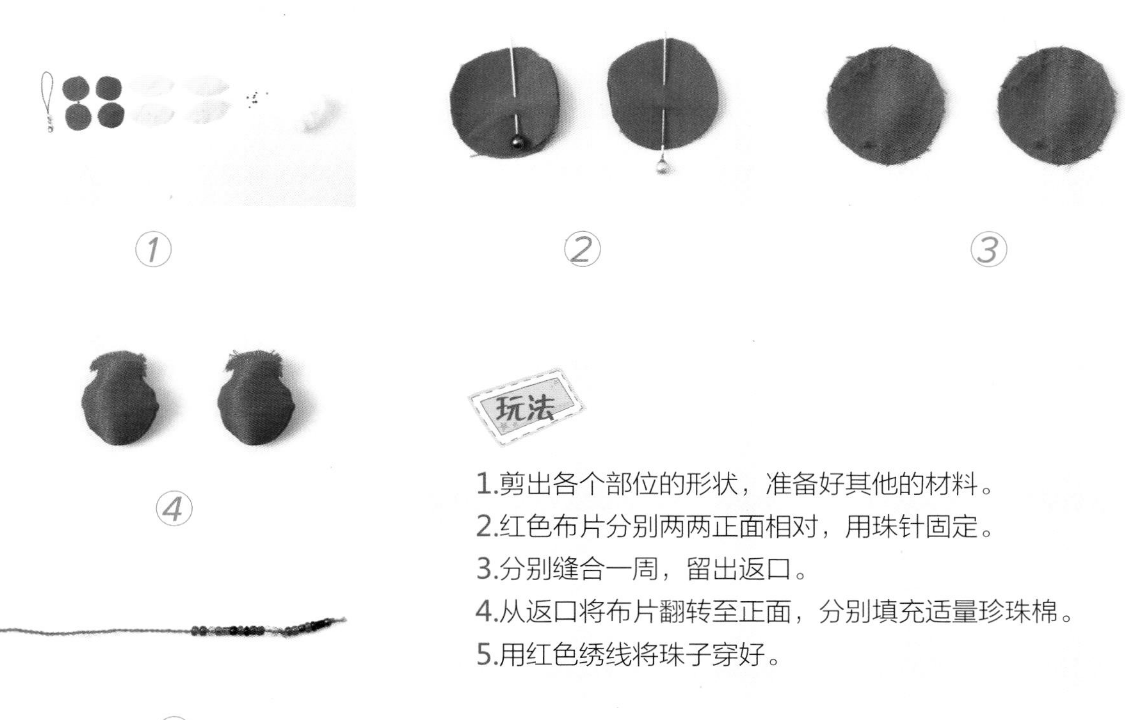

玩法

1.剪出各个部位的形状，准备好其他的材料。
2.红色布片分别两两正面相对，用珠针固定。
3.分别缝合一周，留出返口。
4.从返口将布片翻转至正面，分别填充适量珍珠棉。
5.用红色绣线将珠子穿好。

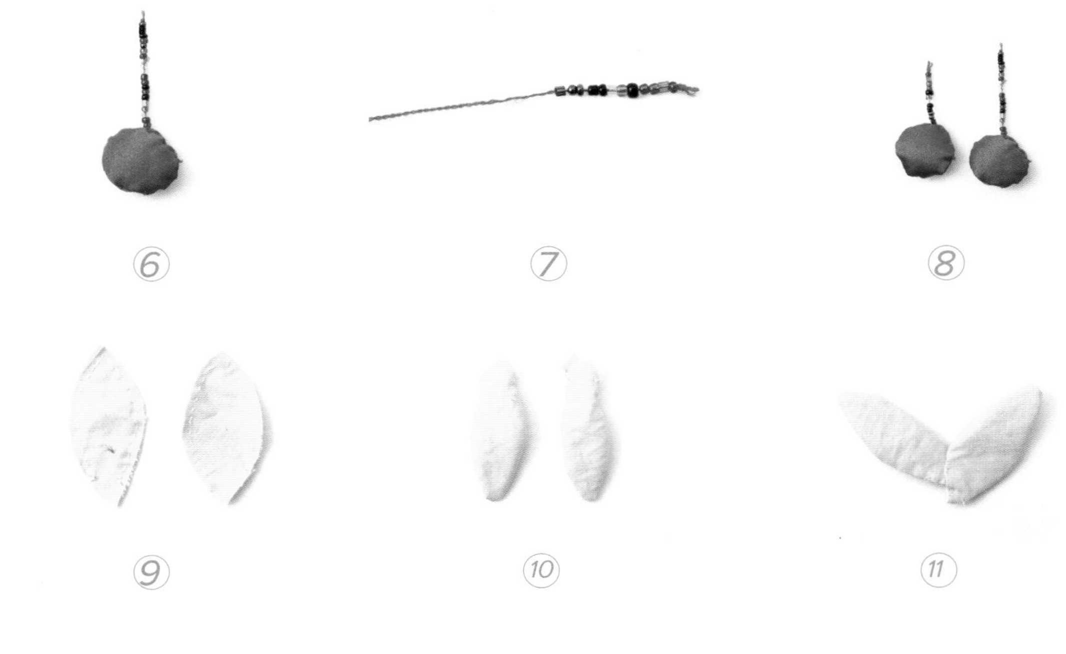

6.将珠链和其中一个红色圆缝接在一起，再缝好返口。

7.用红色绣线再穿1条稍短一点的珠链。

8.将珠链和另一个红色圆缝接在一起，再缝好返口，如图做好两个小樱桃。

9.将叶子布片分别两两正面相对缝合一周，注意留出返口。

10.分别从返口处将叶子布片翻转至正面。

11.如图交叉缝接好叶子。

12.如图将樱桃和叶子缝接好。

13.如图用单圈连接樱桃和手机链，即可完成小樱桃手机链。

H xing yao shi kou

H形钥匙扣

H形状的钥匙扣憨嗔可爱，令人忍俊不禁，不带邪意的目光，仿佛向你一点一点靠拢，带着浓烈的亲切感，适合各年龄层群体拥有。

纸样图

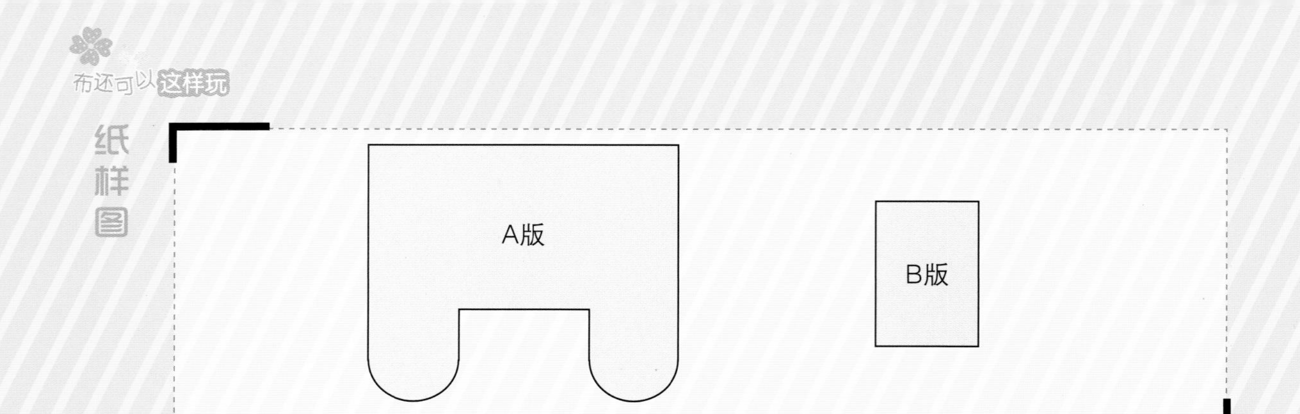

材料 棕色、绿色布片，绣线，钥匙扣 1 枚，单圈 1 个，扣子 1 枚，小花两朵，珍珠棉适量

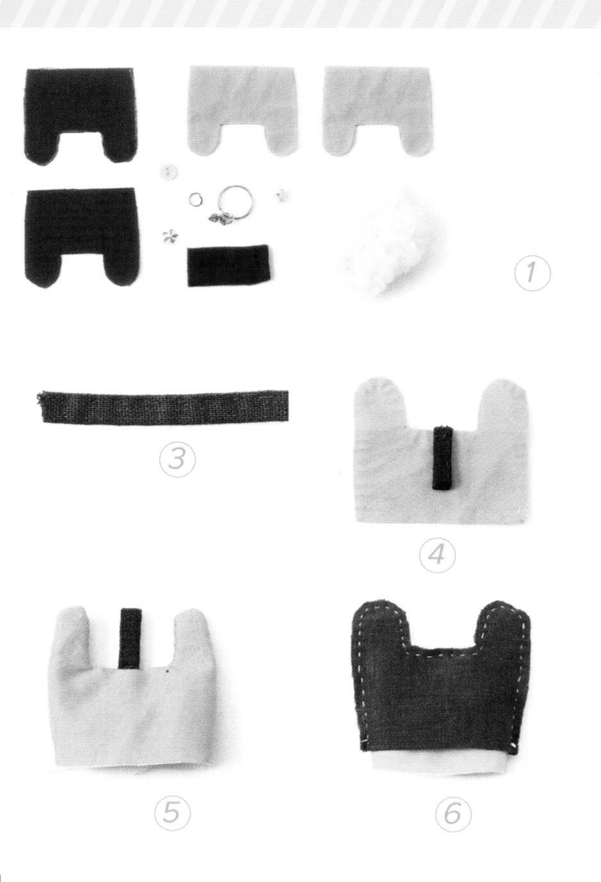

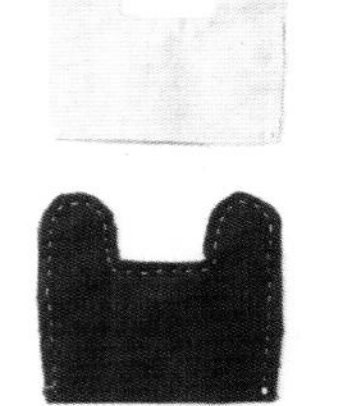

玩法

1. 准备好各种材料，剪好 A、B 版布片，其中棕色、绿色 A 版布片各两片，棕色 B 版布片 1 片。
2. 将 B 版布片如图内折缝合好。
3. 将 B 版布片对折后缝在 1 片绿色 A 版布片上。
4. 绿色 A 版布片和棕色 A 版布片分别正面相对缝合，留直边不用缝。
5. 将绿色 A 版布片翻转至正面。
6. 将绿色A版布片套入棕色A版布片中。

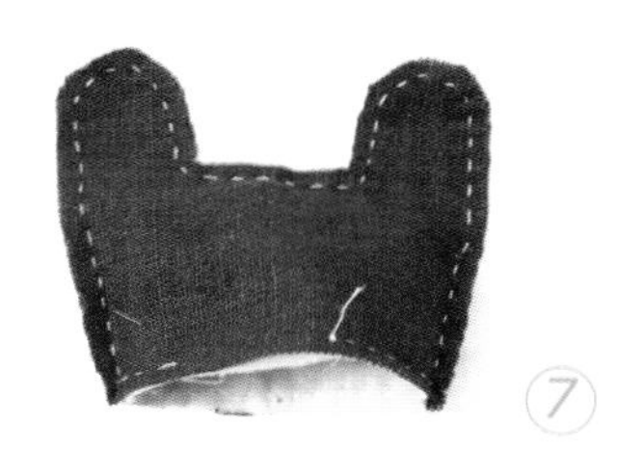

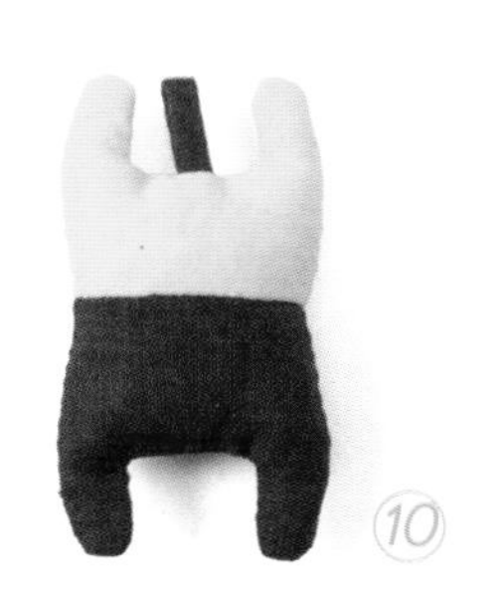

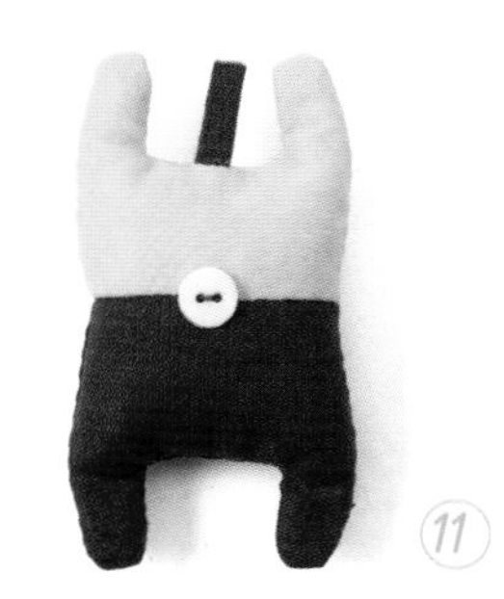

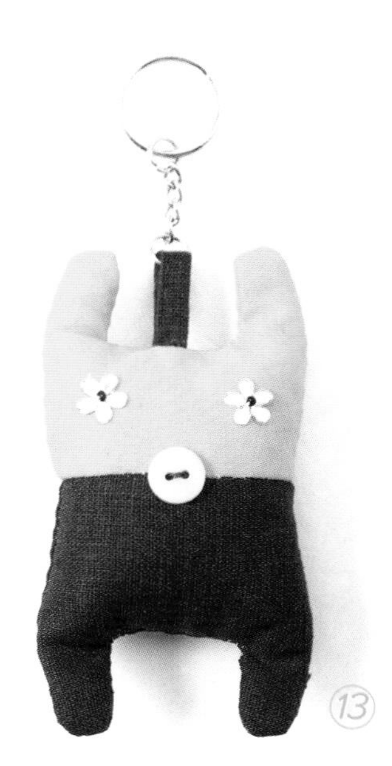

7. 如图缝合一周，注意留出 1 个返口。
8. 从返口处将之翻转至正面。
9. 填充适量珍珠棉。
10. 缝合好返口。
11. 在中央缝上 1 枚扣子。
12. 在如图位置缝上两朵小花。
13. 在如图位置装上单圈和钥匙扣，即可完成 H 形钥匙扣。

Xiao xiong yao shi kou

小熊钥匙扣

既是装饰的钥匙扣又非常可爱，表情俏皮的小熊卡通味十足，看上一眼，便会使人会心一笑。

纸样图

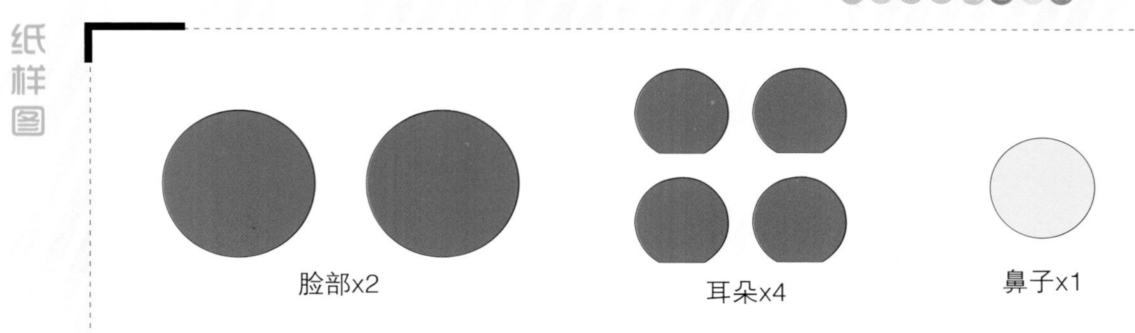

材料 红色绒布，白色布片，黑色绣线，黑色珠子两颗，钥匙扣 1 个，珍珠棉适量

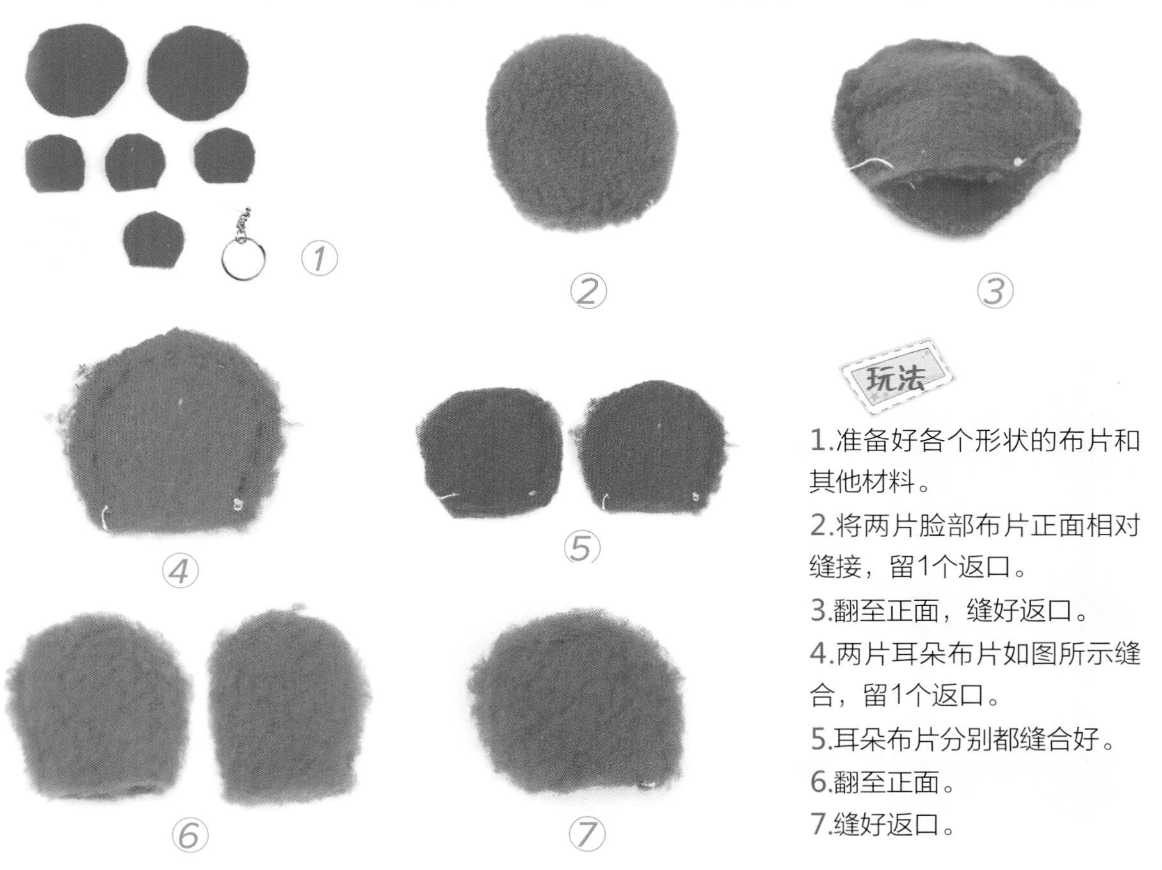

玩法

1.准备好各个形状的布片和其他材料。

2.将两片脸部布片正面相对缝接，留1个返口。

3.翻至正面，缝好返口。

4.两片耳朵布片如图所示缝合，留1个返口。

5.耳朵布片分别都缝合好。

6.翻至正面。

7.缝好返口。

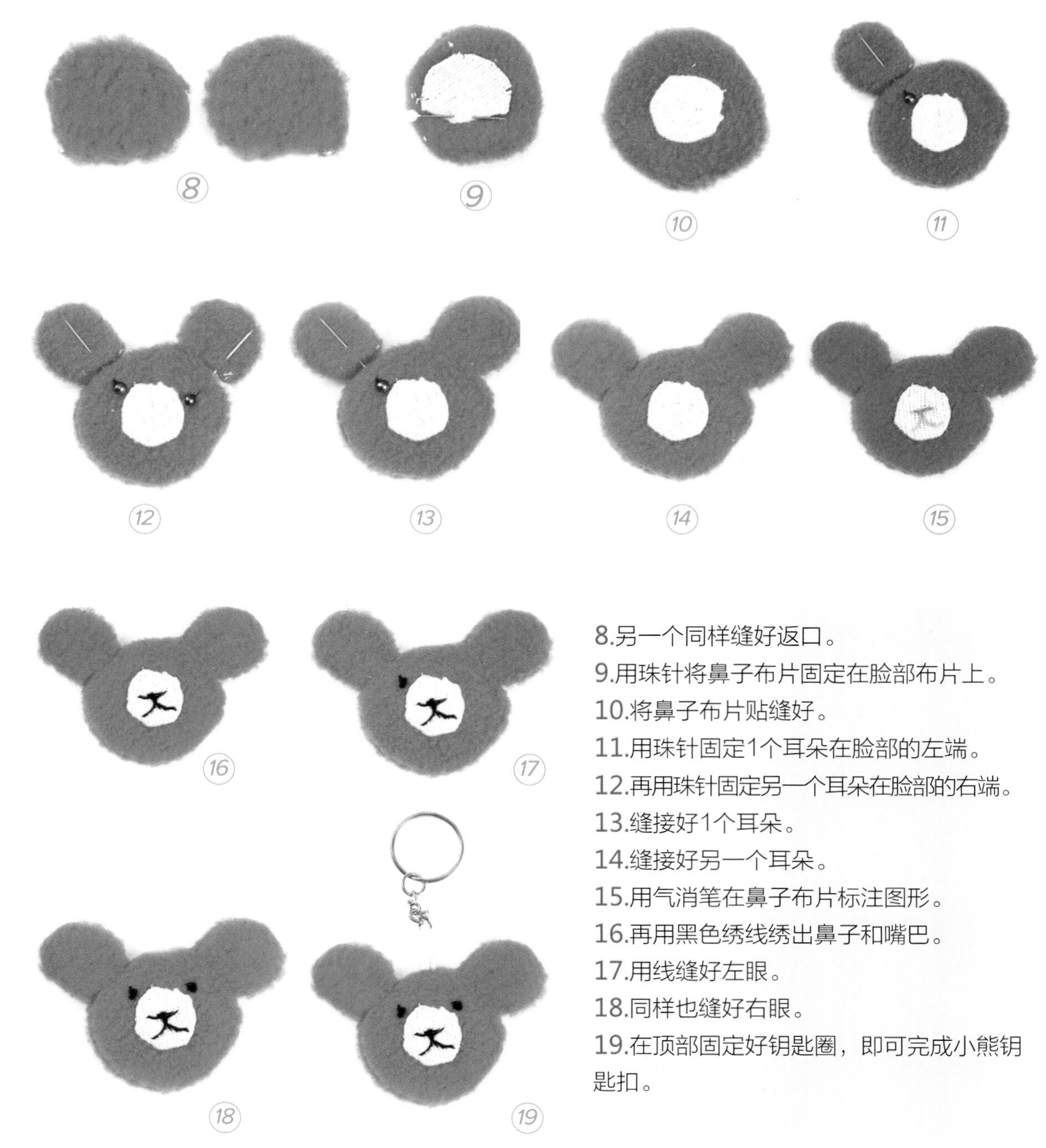

8.另一个同样缝好返口。

9.用珠针将鼻子布片固定在脸部布片上。

10.将鼻子布片贴缝好。

11.用珠针固定1个耳朵在脸部的左端。

12.再用珠针固定另一个耳朵在脸部的右端。

13.缝接好1个耳朵。

14.缝接好另一个耳朵。

15.用气消笔在鼻子布片标注图形。

16.再用黑色绣线绣出鼻子和嘴巴。

17.用线缝好左眼。

18.同样也缝好右眼。

19.在顶部固定好钥匙圈，即可完成小熊钥匙扣。

Hu die xiong zhen

蝴蝶胸针

蝴蝶胸针简单质朴，轻易上手，充满纯真感与知性的柔和美。别于胸口，为你增添了几分文静美丽。

纸样图

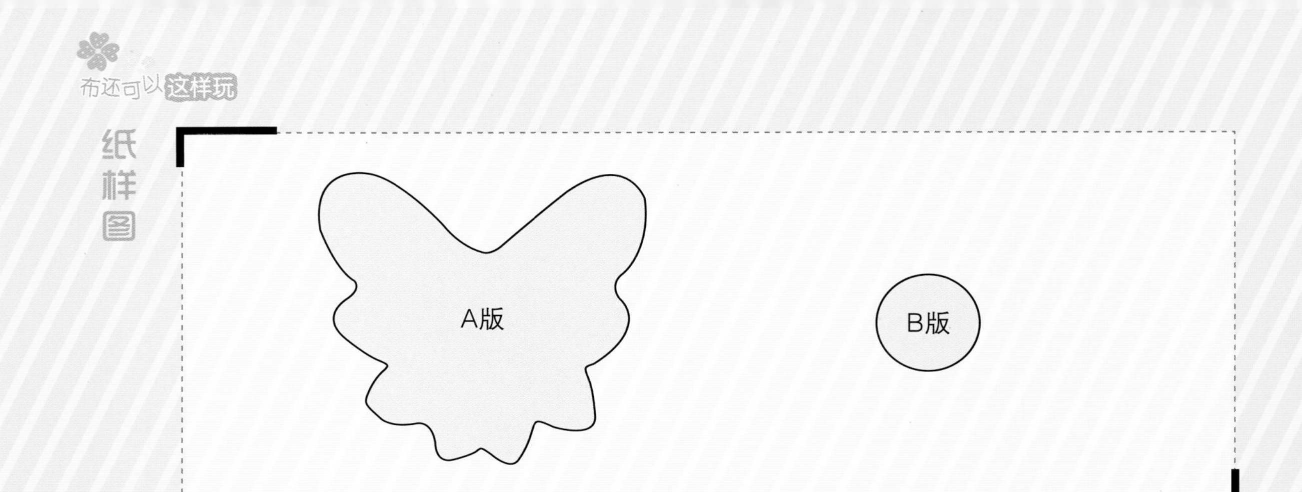

材料 黄色格子棉布，棕色棉布，绿色绣线，胸针托 1 个，9 针两枚，珠子若干

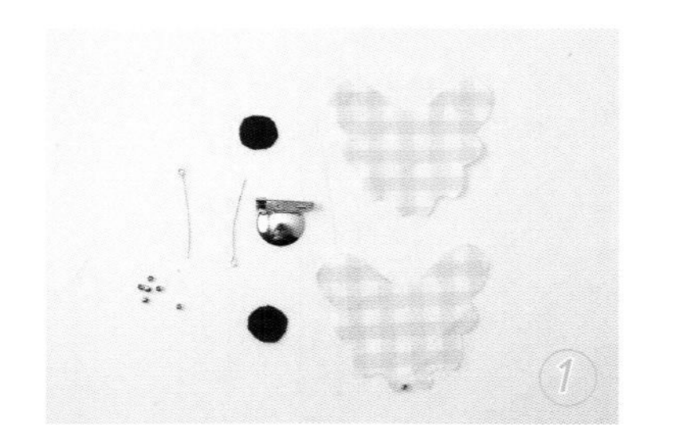

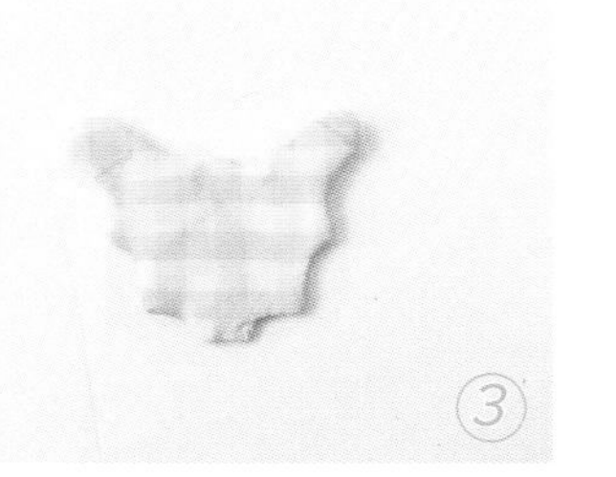

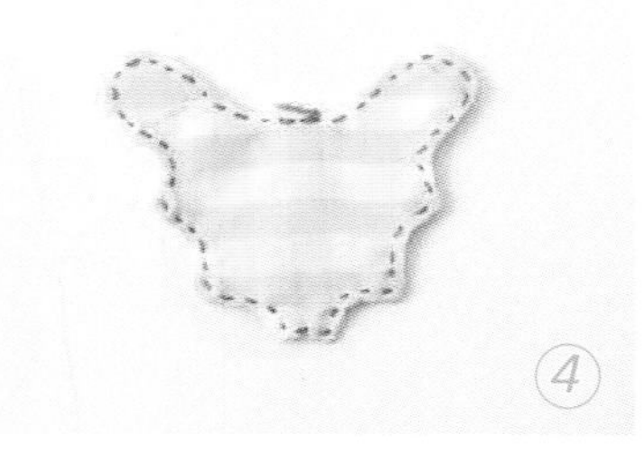

玩法

1.准备好各种材料，剪出A版和B版布片各两片。
2.两片A版正面相对缝合，留1个返口。
3.从返口处将A版翻转至正面。
4.用绿色绣线绕A版四周缝合一周，将返口也一起缝合。
5.用珠针将1片B版固定在A版上。

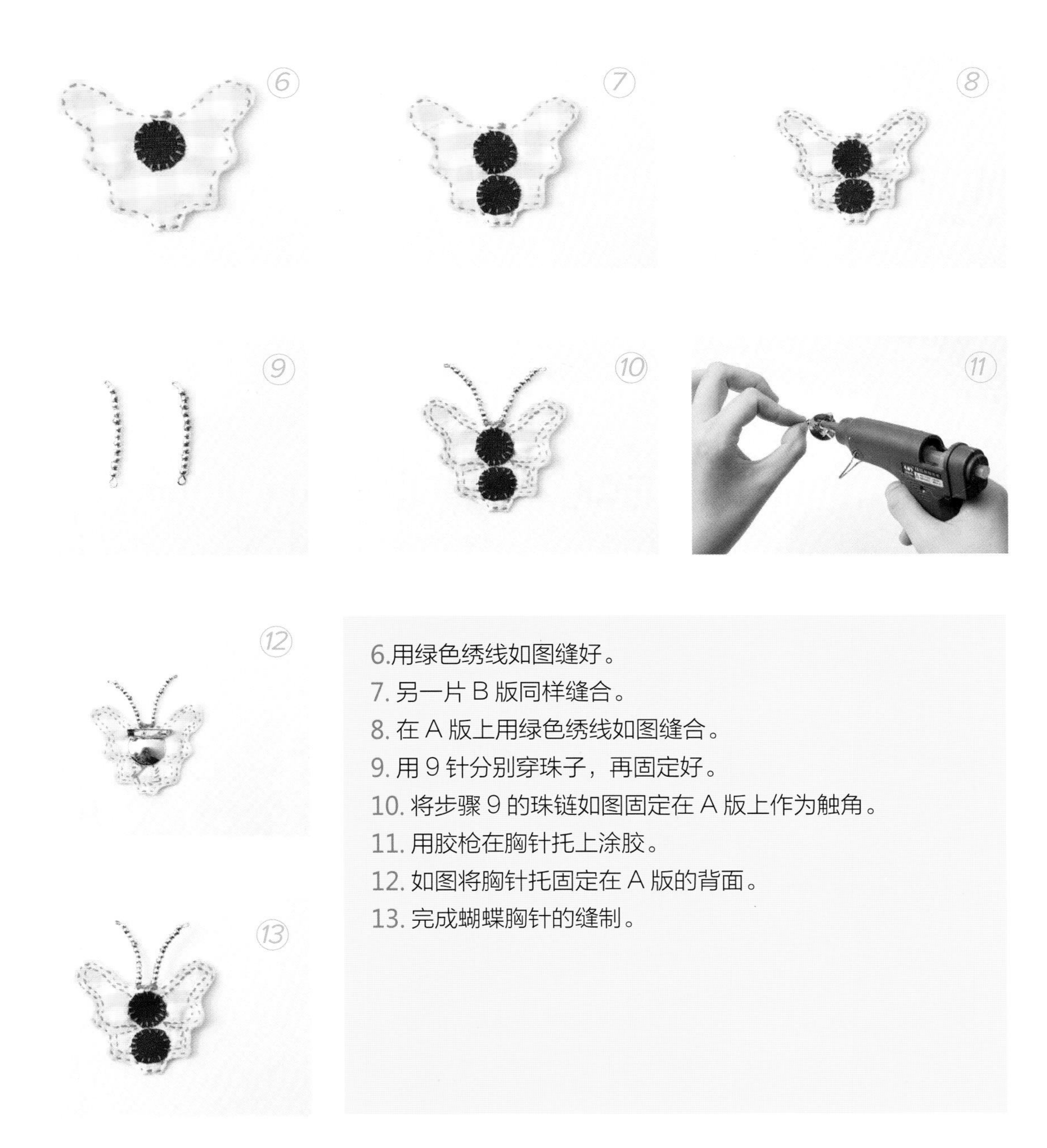

6.用绿色绣线如图缝好。
7. 另一片 B 版同样缝合。
8. 在 A 版上用绿色绣线如图缝合。
9. 用 9 针分别穿珠子，再固定好。
10. 将步骤 9 的珠链如图固定在 A 版上作为触角。
11. 用胶枪在胸针托上涂胶。
12. 如图将胸针托固定在 A 版的背面。
13. 完成蝴蝶胸针的缝制。

Xiao tu fa jia

小兔发夹

小兔造型令人倾心，像是停留在豆蔻青春的过往，随意拾起，都难忘迷人。

纸样图

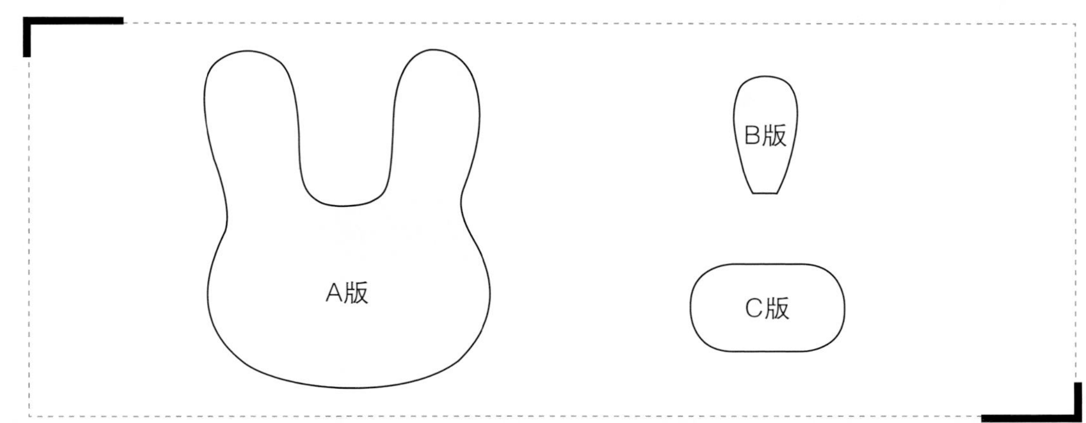

材料 碎花布片，黄色布片，绣线，一字夹 1 枚，珍珠棉适量

玩法

1. 准备好相关材料并剪出 A 版布片 2 片、B 版布片 2 片和 C 版布片 1 片。
2. 两片 A 版正面相对，用珠针固定。
3. 缝合一周，留 1 个返口。
4. 从返口出翻转至正面。

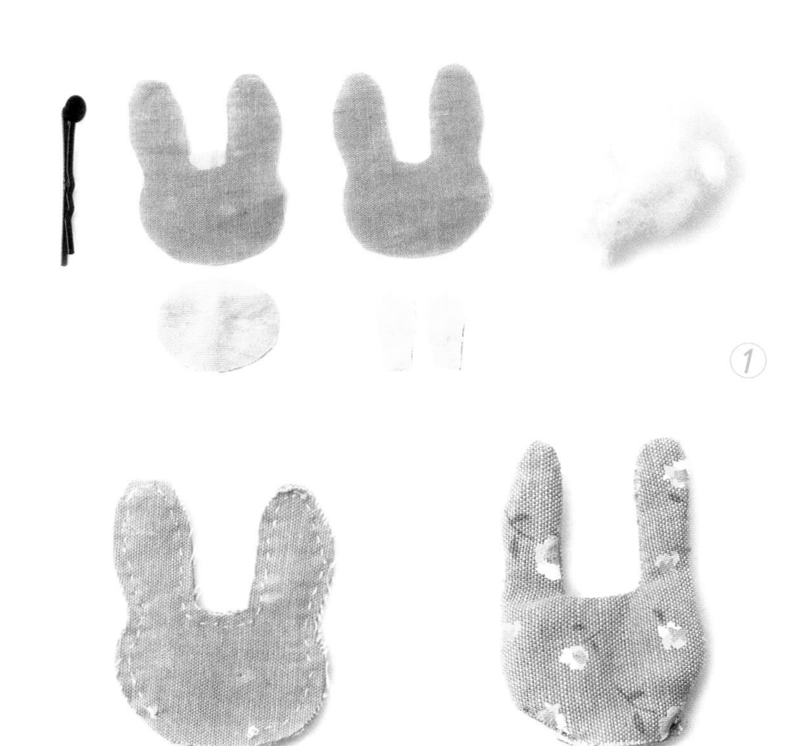

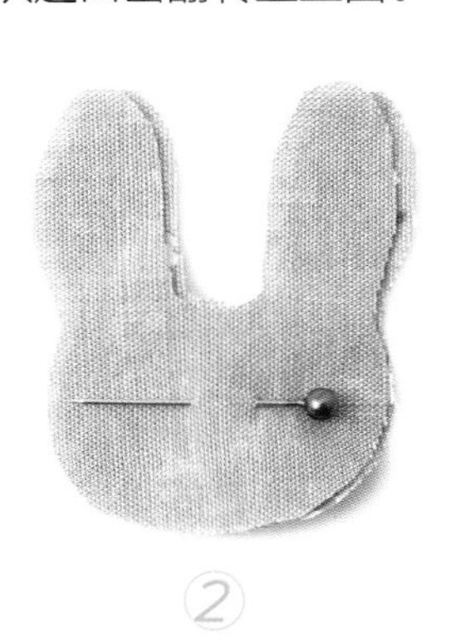

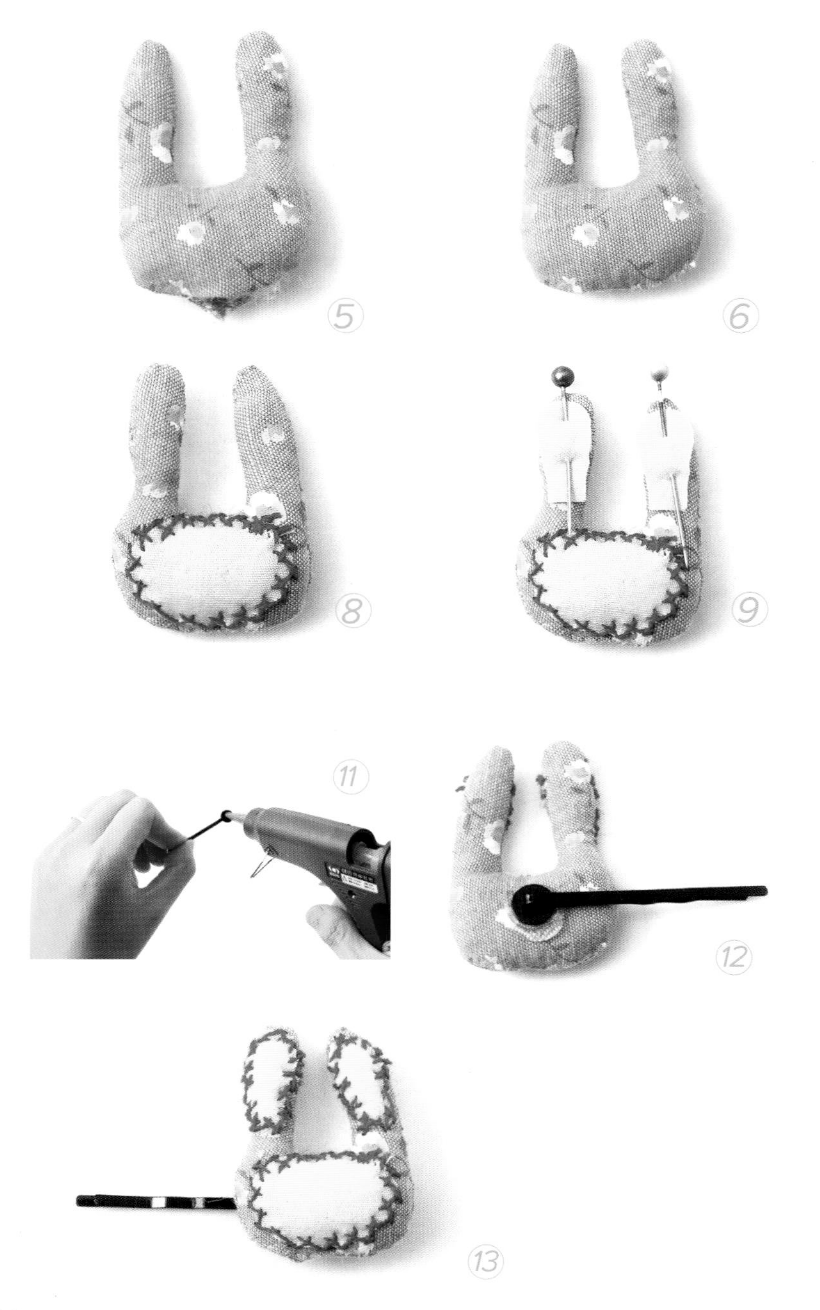

5.填充适量珍珠棉。

6. 缝合好返口。

7. 用珠针将C版布片固定在A版上。

8. 如图用绣线缝合一周。

9. 用珠针将两片B版布片分别固定在A版布片上。

10. 同法用绣线缝合。

11.用胶枪在一字夹上涂胶。

12.将一字夹固定在A版后面。

13. 完成小兔发夹的缝制。

Lan se hu die jie fa dai

蓝色蝴蝶结发带

天空蓝绘上蝴蝶结，让遐思淌入，你把发丝缠绕，几经幻想，都变成美好现实。

纸样图

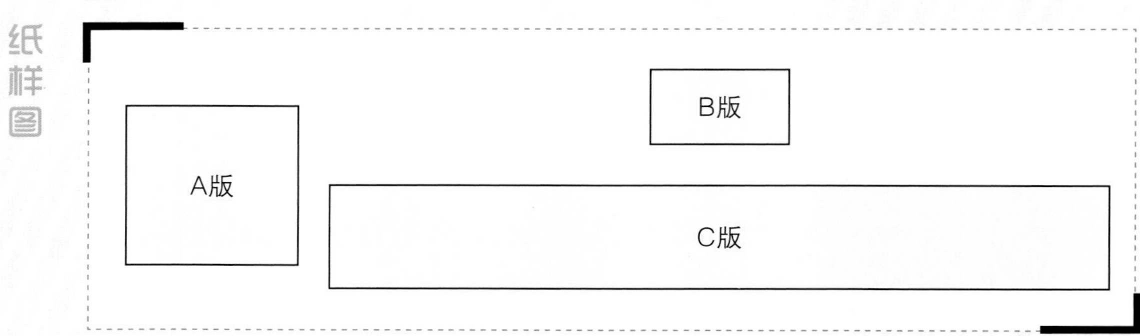

材料　蓝色印花布，松紧带，绣线

玩法

1. 准备好松紧带，剪出2片A版布片、1片B版布片、1片C版布片。
2. 将C版布片的两个长边如图向内折缝合。
3. 将C版布片的反面向上，一端固定好松紧带。
4. 将C版布片的两个长边对折缝合，把松紧带缝在里面。
5. 将C版布片的两端向内折两次后缝接在一起。
6. 将两片A版布片正面相对，用珠针固定。

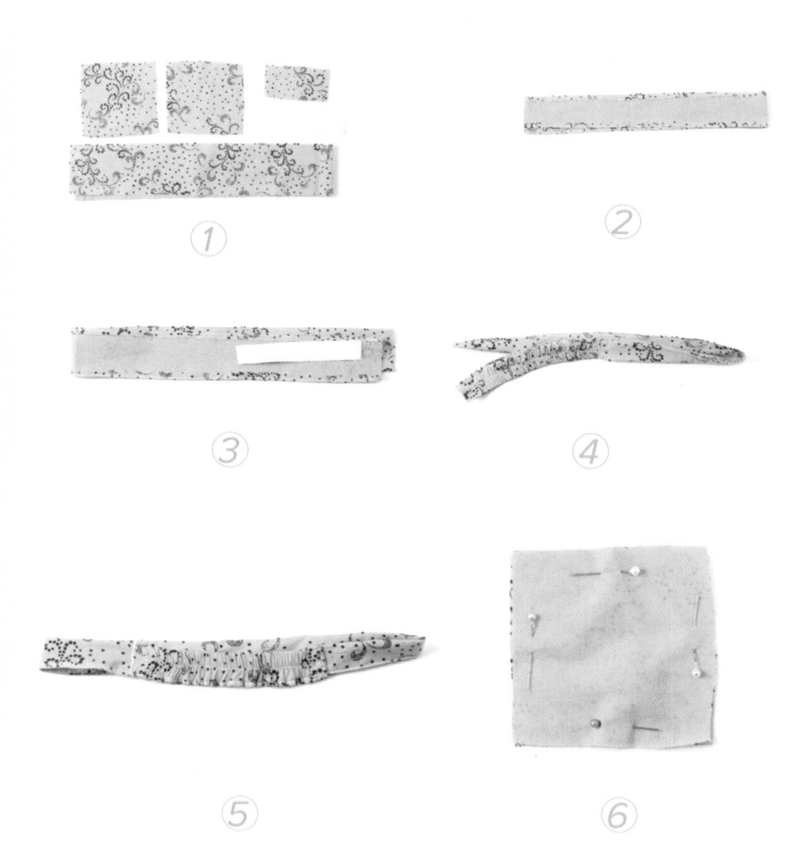

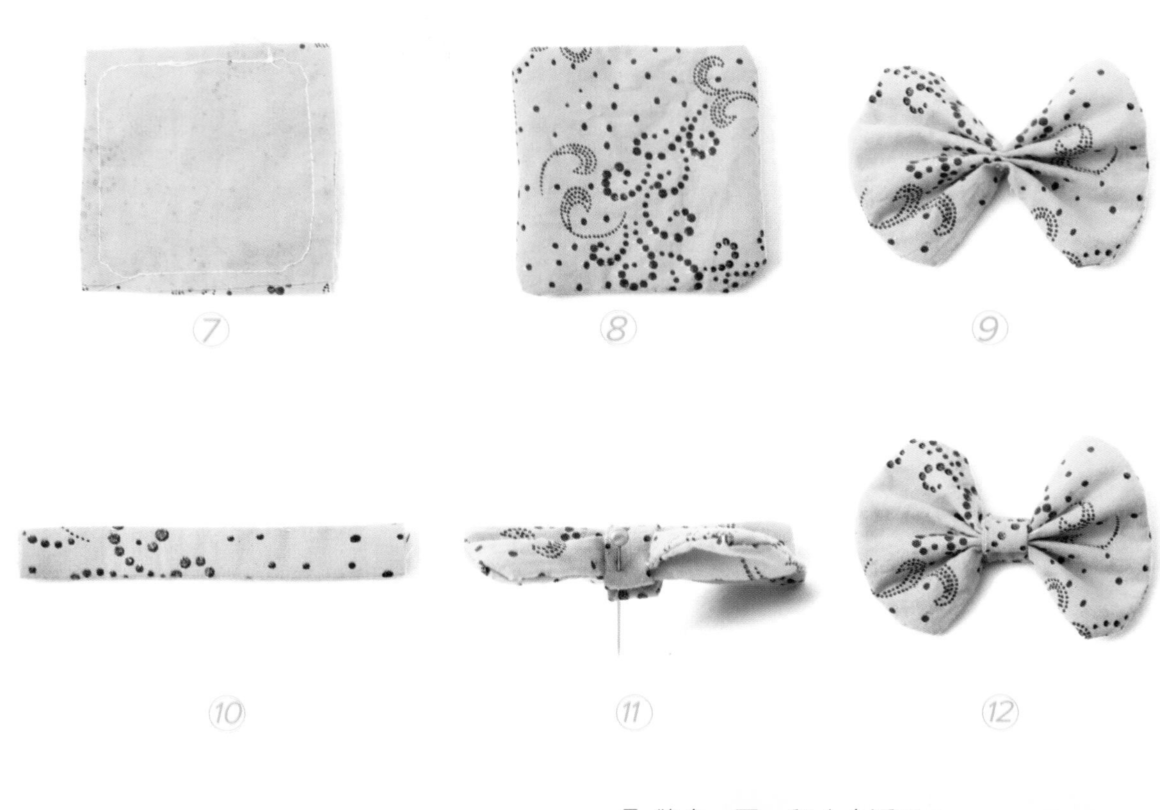

⑦ ⑧ ⑨ ⑩ ⑪ ⑫

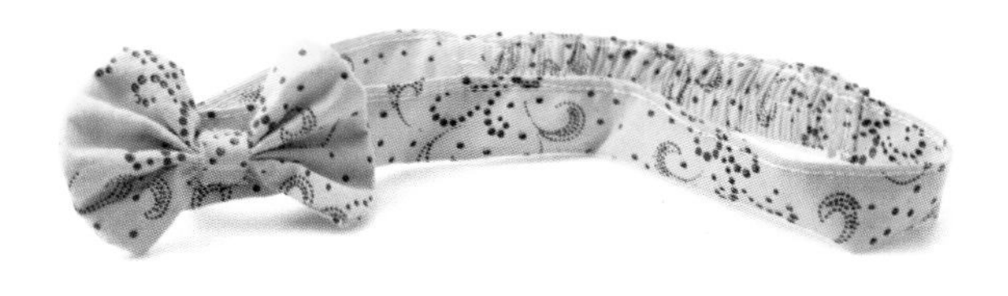

⑬

7. 缝合一周，留 1 个返口。

8. 从返口出翻转至正面，并缝好返口。

9. 从中间收紧，做出蝴蝶结的形状。

10. 将 B 版布片的两长边向内折，然后对折，再缝合。

11. 将 B 版布片包住蝴蝶结的中间位置，用珠针固定接口。

12. 缝好接口，完成蝴蝶结的缝制。

13. 将蝴蝶结固定在步骤 5 完成的 C 版上，即可完成蓝色蝴蝶结发带的缝制。

Mi qi gua shi

米奇挂饰

风靡全球的米奇在你的手机上安家落户了，怎么样？不错吧，试着自己创新不同的造型吧！

纸样图

后片

耳朵 x2

脸片

红色半圆

脸片

材料 粉红色、黑色、红色、黄色不织布，吊饰扣 1 个，绣线、PP 棉适量

玩法

1. 剪出各部位的形状。
2. 把耳朵缝合。
3. 把粉色脸片如图缝合在黑色半圆上。
4. 把缝制好的脸和红色半圆缝合。
5. 把 2 块黄色布片分别缝制在红色布片上，注意位置要对称。
6. 把眼睛和鼻子缝制在合适的位置上（如图所示）。
7. 将缝制好的脸片和后片相对缝合一圈。注意在缝合的过程中把 2 只耳朵和黑色头绳也一起缝上去，并填充 PP 棉。
8. 缝制完成后的米奇挂件。
9. 取 1 个吊饰扣挂上，可爱的米奇挂饰就做好了。

Tiao pi xiong mao

调皮熊猫

瞧这一对小兄妹，脸上的表情各异，一个傻傻地盯着前方，一个斜着眼睛盯着别处，真是调皮。

纸样图

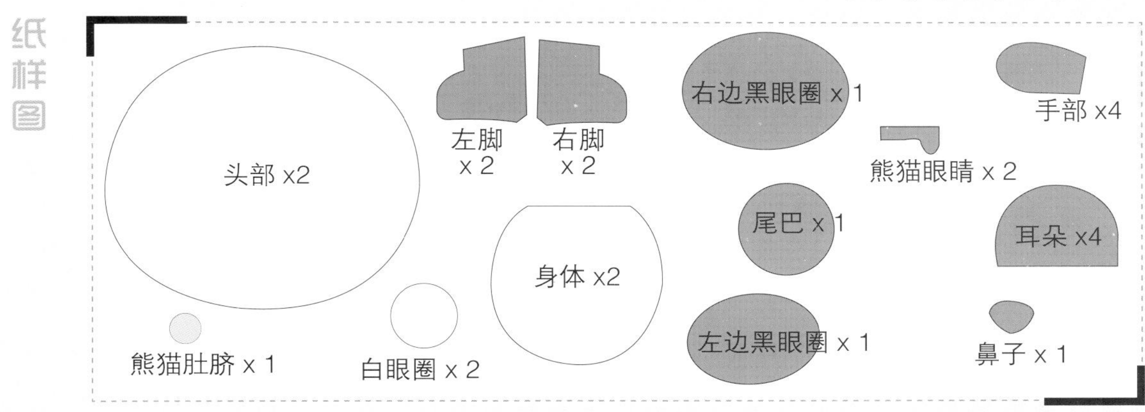

材料 白色、黑色超柔布，白色、黑色、粉色不织布，黑色绣线，PP 棉适量

玩法

1. 取两块黑色超柔布正面相对，用珠针固定，在布片上画出耳朵的形状。
2. 用线沿着线迹缝合，留出 1 个返口。
3. 如图在缝好的布片边缘剪出牙口。
4. 从返口将耳朵布片翻转至正面。
5. 填充适量 PP 棉。
6. 用藏针法缝合返口。
7. 缝制好熊猫的一只耳朵。
8. 剪出熊猫的手脚布片。

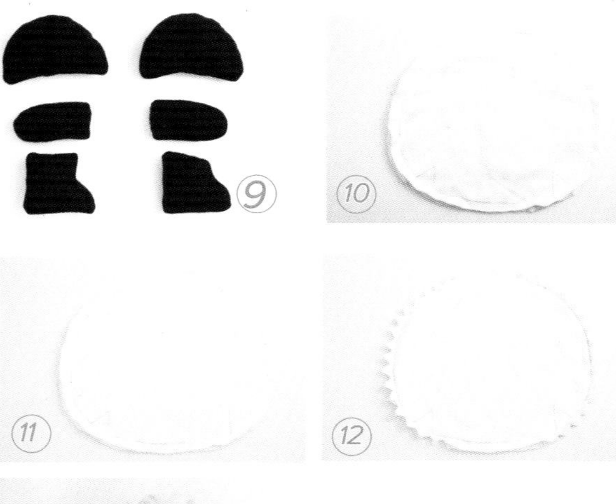

9. 仿照前面耳朵的缝制方法缝制好熊猫的手脚和另一只耳朵。

10. 取两块白色超柔布，固定好后画出熊猫脸部形状。

11. 将布片缝合一周，留出返口。

12. 在边缘剪出牙口。

13. 从返口处将布片翻转至正面，填充适量PP 棉，此部分作为熊猫的头部。

14. 取黑色、白色不织布，剪出眼圈形状后缝制在一起。

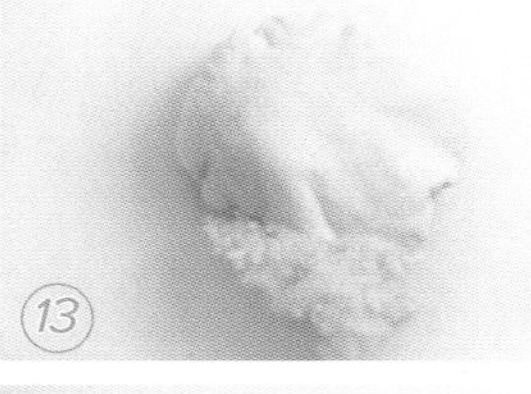
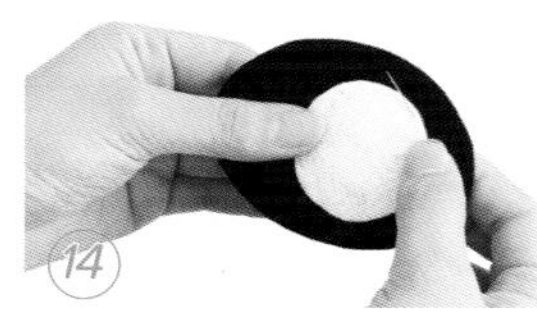

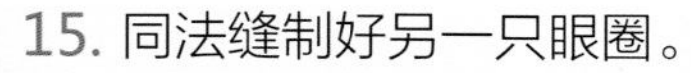

15. 同法缝制好另一只眼圈。

16. 用黑色不织布剪出眼睛的形状，缝在眼圈上面。

17. 将做好的眼圈缝在头部合适的位置上。

18. 缝合好另一只眼圈。

19. 用黑色不织布剪出鼻子，缝合在头部合适的位置上，在鼻子下面用绣线绣嘴巴。

20. 绣好熊猫的嘴巴。

21. 用藏针法缝合返口。

22. 用藏针法将耳朵缝在头部合适位置上。

23. 缝合好耳朵。

24. 用同样的方法，把另外一只耳朵缝在头部的另一侧。

25. 剪出两片熊猫身体的布片，正面相对缝合，留出返口，在边缘剪出牙口。

26. 从返口处将身体翻转至正面，填充适量 PP 棉。

27. 用粉色不织布剪出肚脐形状的布片，如图用黑色绣线将之缝在身体合适的位置上。

28. 用平针法将返口缝合，然后用力拉紧。

29. 完成身体的缝制。

30. 用藏针法将身体和头部缝合在一起。

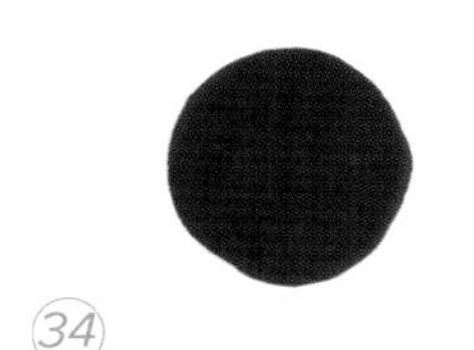

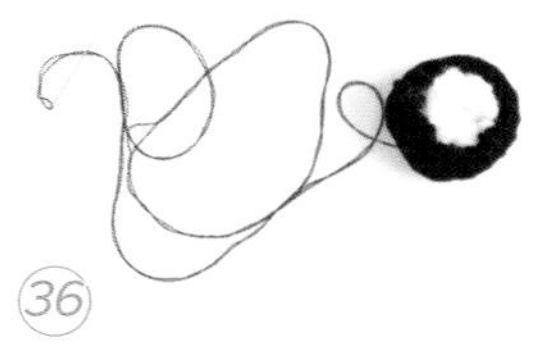

31. 缝好后的效果。

32. 用藏针法将手臂缝在身体上。

33. 用同样的方法缝好熊猫的四肢。

34. 用黑色超柔布剪出1片圆形作为尾巴。

35. 用平针法缝一圈。

36. 填充适量 PP 棉，再拉紧线。

37. 用藏针法将尾巴缝在身体后面。

38. 缝合好尾巴后的效果。

39. 完成熊猫的缝制。

Han han bu bu xiong

憨憨 BUBU 熊

BUBU熊是韩国非常流行的一款公仔形象哦。它拥有毛绒质地的身体，加上憨憨的形象，既可爱又逗趣，不但可以放在家里，也可以放置在车内作装饰。

纸样图

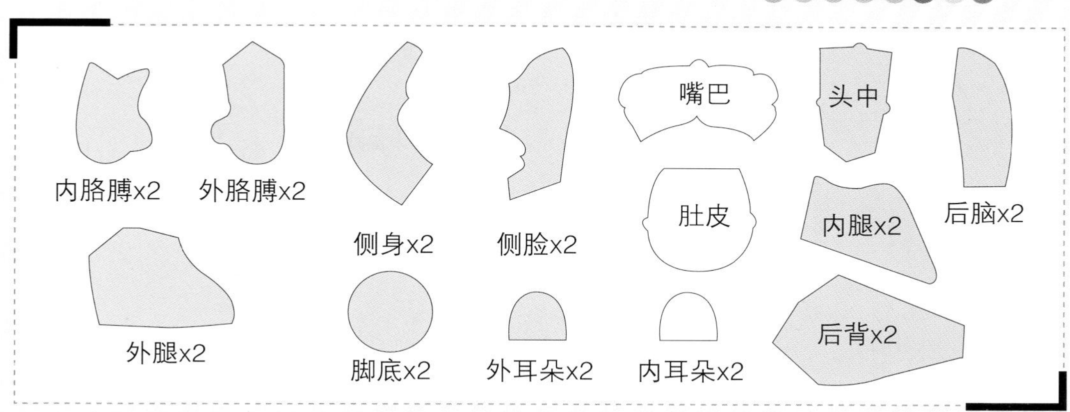

材料 杏色、白色绒布，天蓝色不织布，绣线，PP 棉适量

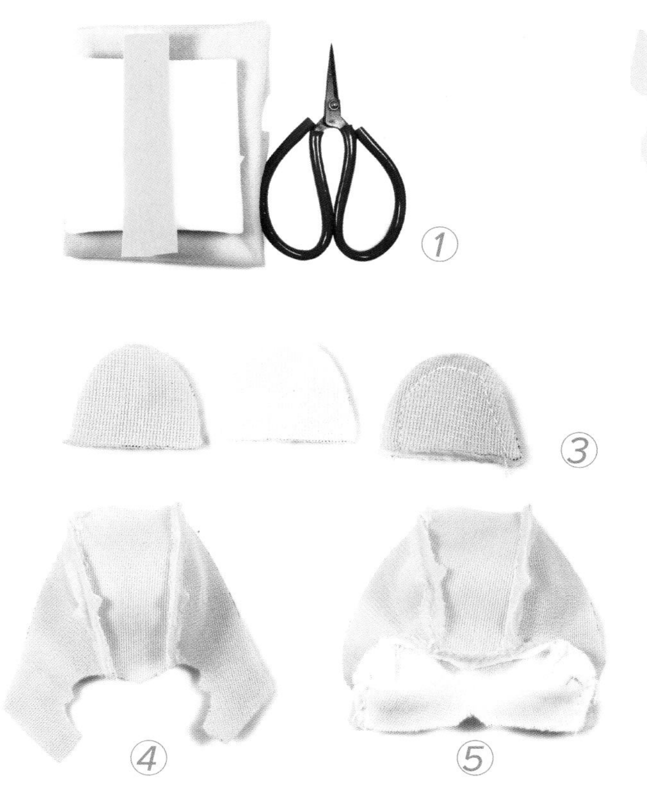

玩法

1. 准备好做 BUBU 熊所需要的各式布料及剪刀。
2. 剪出各部位的形状。
3. 将两块内耳片和外耳片分别正面相对缝合。
4. 将侧脸和头中片缝合。
5. 将嘴巴片的褶子缝好，再和脸片一起缝合。

6. 将耳朵片固定在脸片上。
7. 如图将脸片翻转至背面。
8. 把两块后脑片缝合。
9. 将脸片和后脑片正面相对缝合。
10. 将内胳膊片和外胳膊片相对缝合。
11. 将内腿片和外腿片正面相对缝合。
12. 如图把脚底片缝合。
13. 将缝制好的胳膊和腿翻转过来，并填充好 PP 棉。
14.将两块侧身缝合（如图所示）。
15. 把肚皮和侧身缝合，把胳膊固定在身体片上。

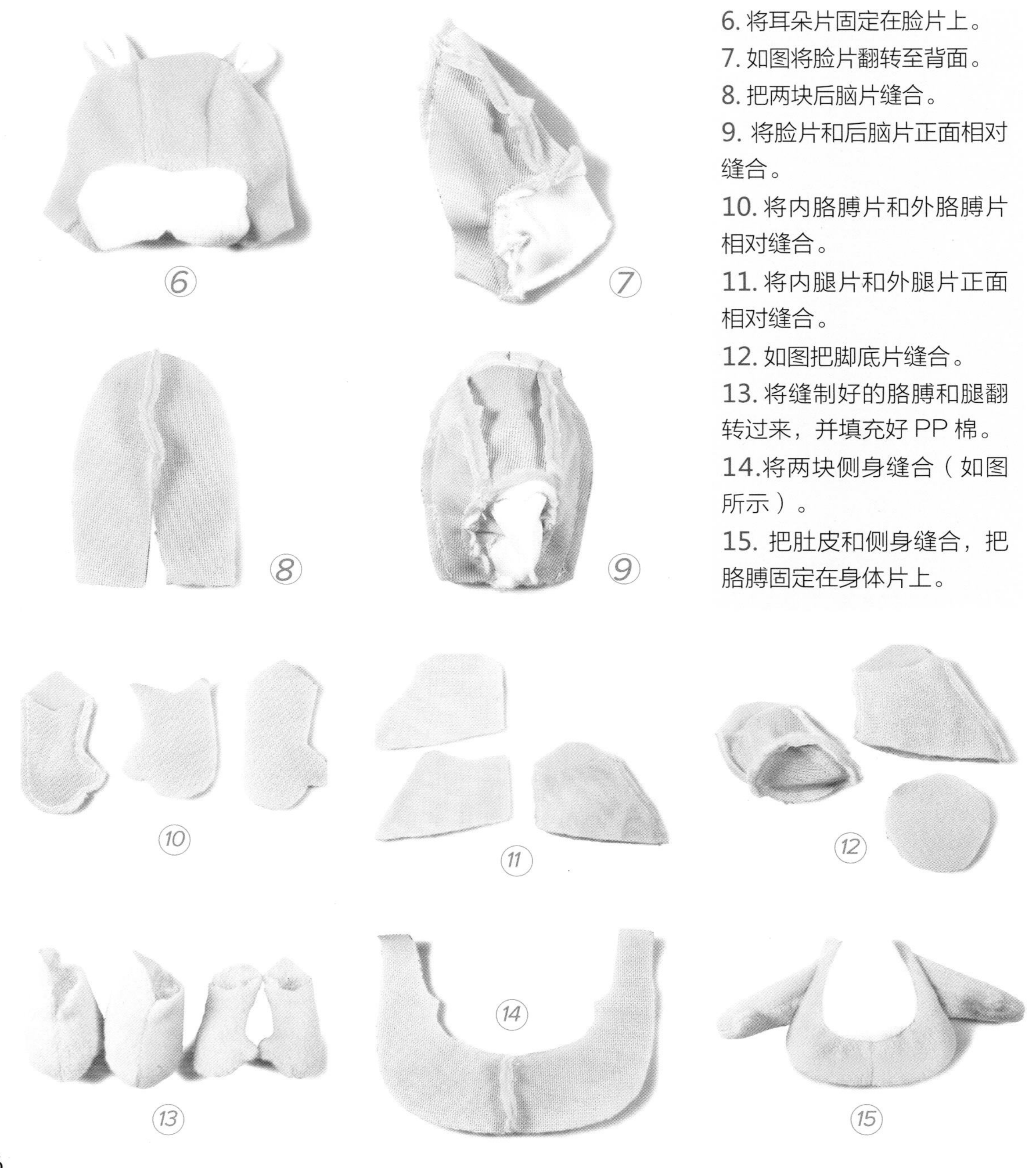

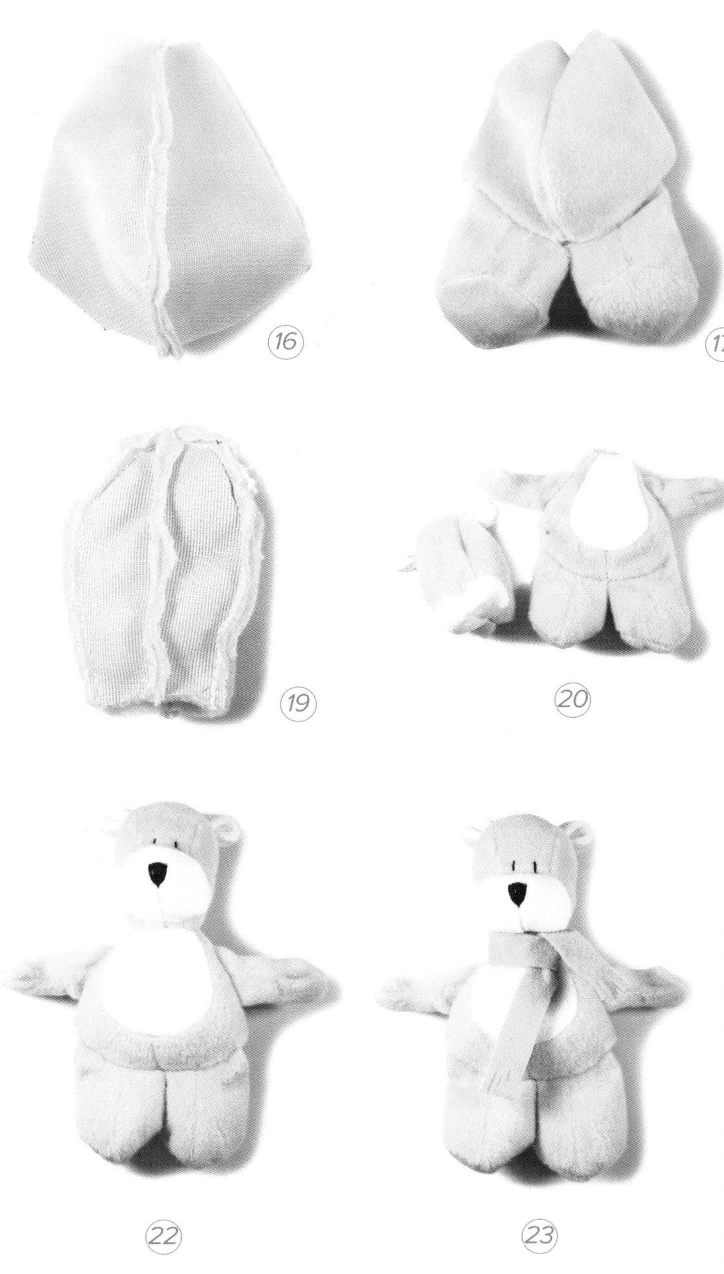

16. 后背分两块正面相对缝合（如图所示）。

17. 把腿固定在后背上。

18. 将前身和后背正面相对缝合。

19. 缝合好头部，注意留出返口。

20. 把缝制好的头部和身体翻转过来。

21. 从返口处填充适量 PP 棉。

22. 先把身体填充好 PP 棉，再将头部和身体缝合在一起。

23. 用天蓝色不织布剪出 1 块长条作围巾系在熊的脖子上，一只可爱的 BUBU 熊就完成了。

Shuai qi shi nu bi

帅气史努比

如今这卡通界也有了明星啊！它就是最知名的狗狗明星 ——————— 史努比，自它诞生以来，其酷酷的卡通身影出现在全球每一个角落里哦！怎么样，你也想要一只吗？

纸样图

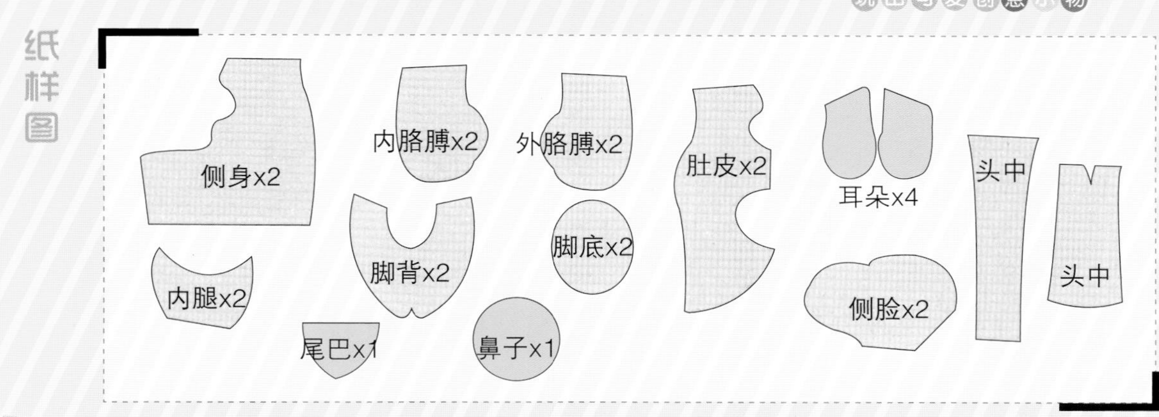

材料 白色、黄色绒布，棕色不织布，紫色方格布，白色绣线，PP 棉适量

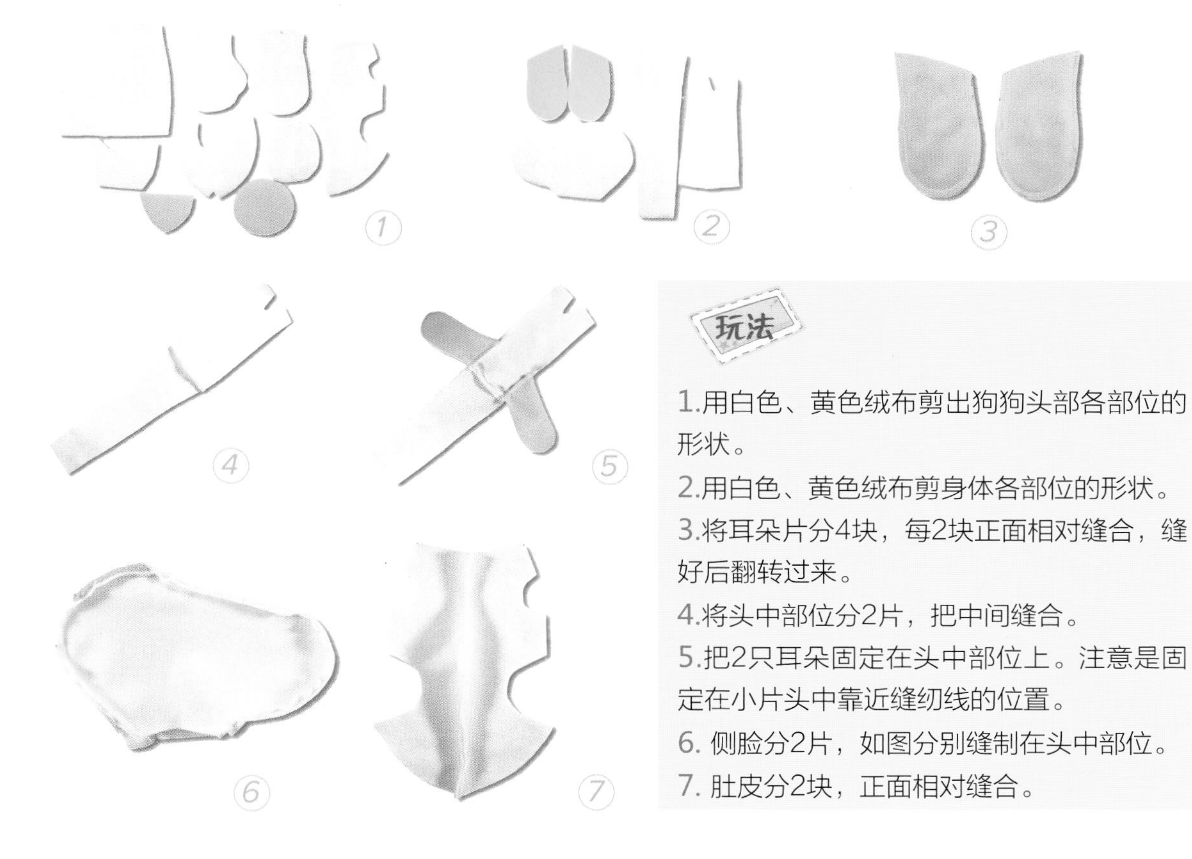

玩法

1.用白色、黄色绒布剪出狗狗头部各部位的形状。

2.用白色、黄色绒布剪身体各部位的形状。

3.将耳朵片分4块，每2块正面相对缝合，缝好后翻转过来。

4.将头中部位分2片，把中间缝合。

5.把2只耳朵固定在头中部位上。注意是固定在小片头中靠近缝纫线的位置。

6. 侧脸分2片，如图分别缝制在头中部位。

7. 肚皮分2块，正面相对缝合。

8.把2块内腿缝合在肚皮片上（如图所示）。
9.将尾巴对折缝合，并翻转过来。
10.侧身分2块，正面相对缝合一半，在缝制的过程中把尾巴也缝上，注意距离（如图所示）。
11.将前身片和后背片正面相对，如图把腿部缝合。
12.把脚背缝合在腿上。
13.从左边的脚后跟开始缝合，一直缝合到右边的脚后跟（如图所示）。
14.把2块脚底缝合，注意缝制的边缘要圆滑。
15.将2块内胳膊分别缝在胳膊弯的部位（如图所示）。
16.缝制好内胳膊后，把2块外胳膊和内胳膊正面相对缝合（如图所示）。
17.把两边的肩膀缝合。

⑧

⑨

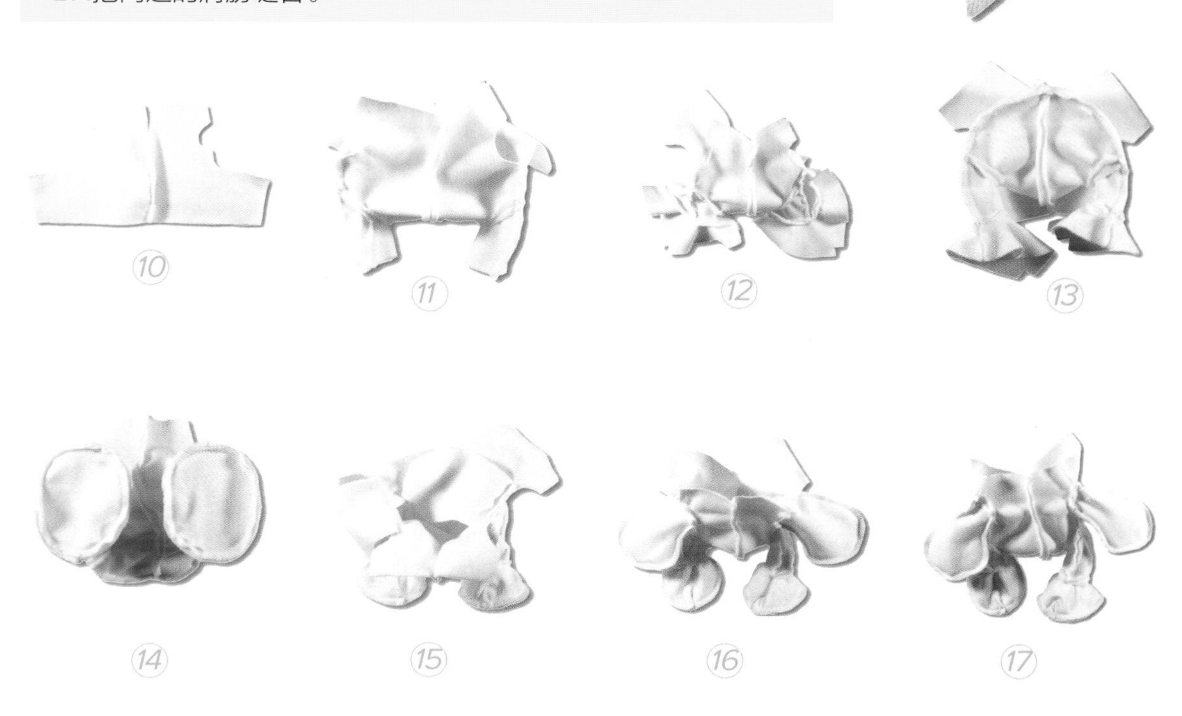

18.将头和身体缝合。

19.翻转过来后的样子。

20.填充好PP棉。

21.用卷针法做1个圆球形鼻子。

22.把圆球鼻子固定在头部合适的位置，再用不织布剪出两个小椭圆，分别缝在合适的位置作眼睛。

23.准备1块长方形布片并把两侧的毛边缝合。

24.将布条对折并缝合两侧。

25.如图将格子布的一边用线拉紧。

26.然后套在史努比身体上并固定好。

27.一款可爱的史努比就完成了。

Mi mang chang wei hou

迷茫长尾猴

可爱的表情，顽皮的动作，怎能让你舍得移开视线呢？赶紧把它缝制出来吧！送给调皮的小朋友作礼物最合适不过了！

纸样图

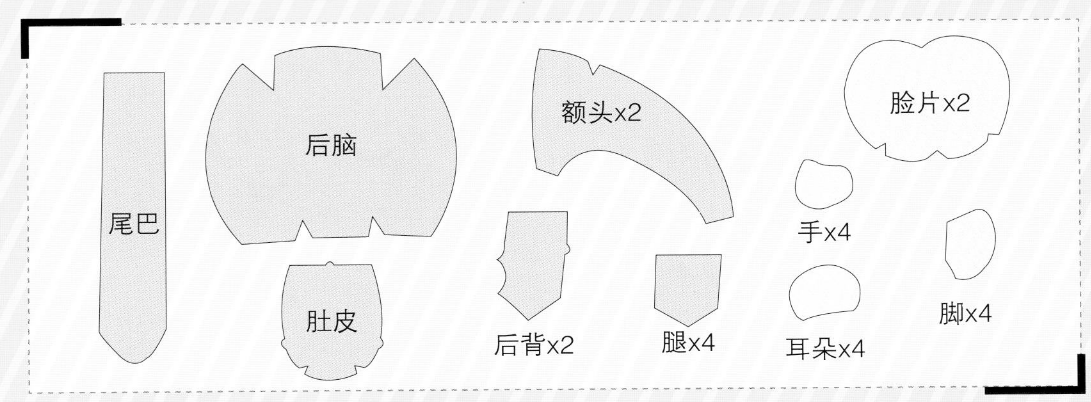

材料 杏色、米黄色绒布，黑色不织布，绣线，PP 棉适量

玩法

1.准备好做猴子所需的工具。

2.用杏色、米黄色绒布剪出猴子各部位形状的布片。

3.耳朵分4片，每2片正面相对缝合并翻转过来。

4.额头分两片，中间如图缝合。

5.将脸片的褶子缝合起来。

6.将脸片和额头片缝合起来。

7.将耳朵固定在脸片上。
8. 把后脑片的褶子缝合。
9. 将脸片和后脑片缝合在一起。
10. 如图缝制猴子的尾巴。
11. 把前身布片的褶子缝合起来。
12. 将后背片缝合的时候把尾巴也缝在一起。
13. 剪出脚片和腿片的形状（如图所示）。
14. 如图缝合腿脚片。

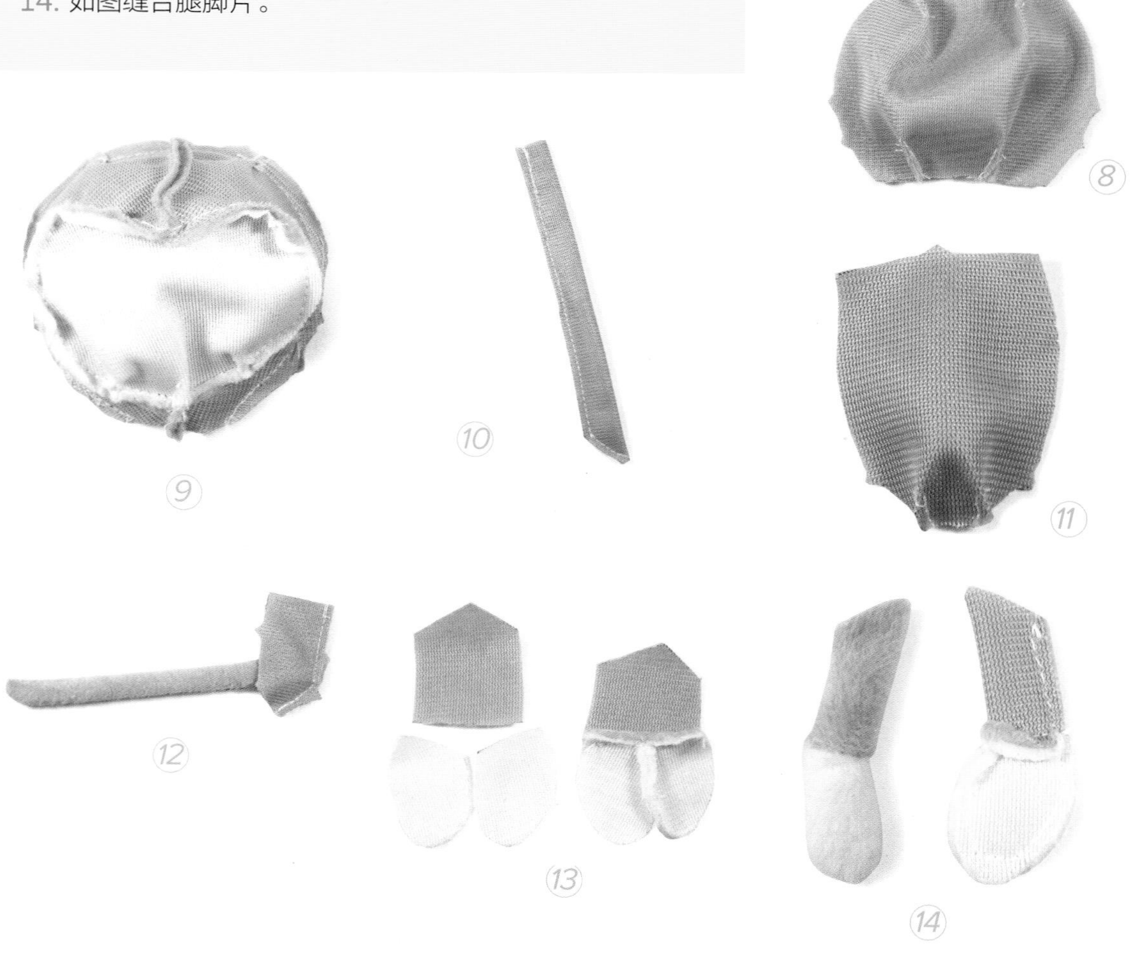

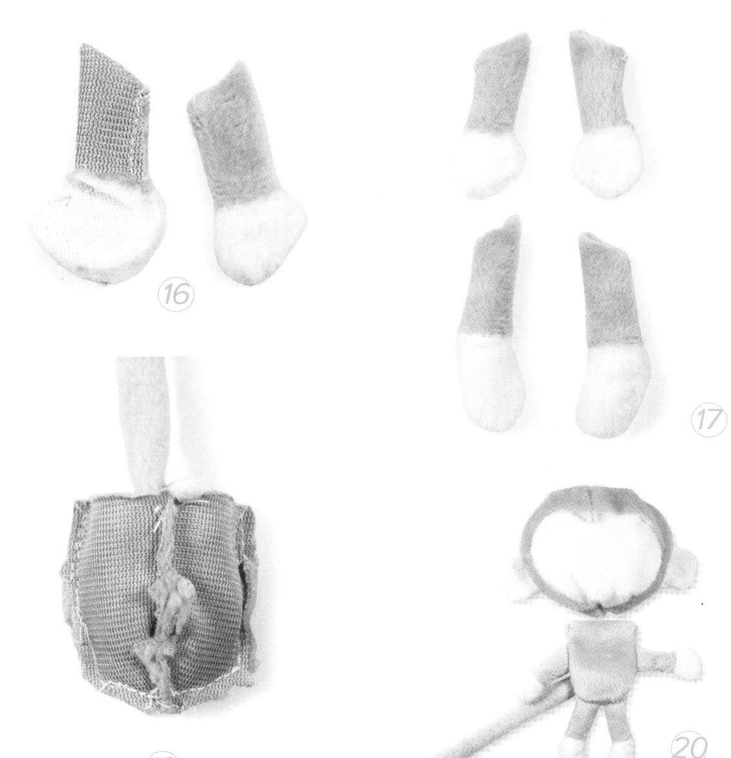

15.剪出手片和胳膊片的形状。

16. 如图缝合胳膊片和手片。

17. 将缝制好的胳膊、腿翻转过来，并填充好PP棉。

18. 把腿和胳膊固定在身体片上。

19. 将身体前片和后背片正面相对缝合。

20. 将缝制好的头部和身体翻转过来。

21. 头部填充PP棉，先用黑色不织布剪出圆形眼睛缝制在脸上，然后绣制出鼻子嘴巴。

22. 将身体填充好PP棉，并把头和身体缝合起来，一只迷茫长尾猴就完成了。

Zha yan ding dang mao

眨眼叮当猫

超可爱的正版叮当猫，有九种不同表情哦，不仅可以放在家里做摆设，也是送给好朋友的别致小礼物呢！如果是你亲手做的，就更贴心啦。

纸样图

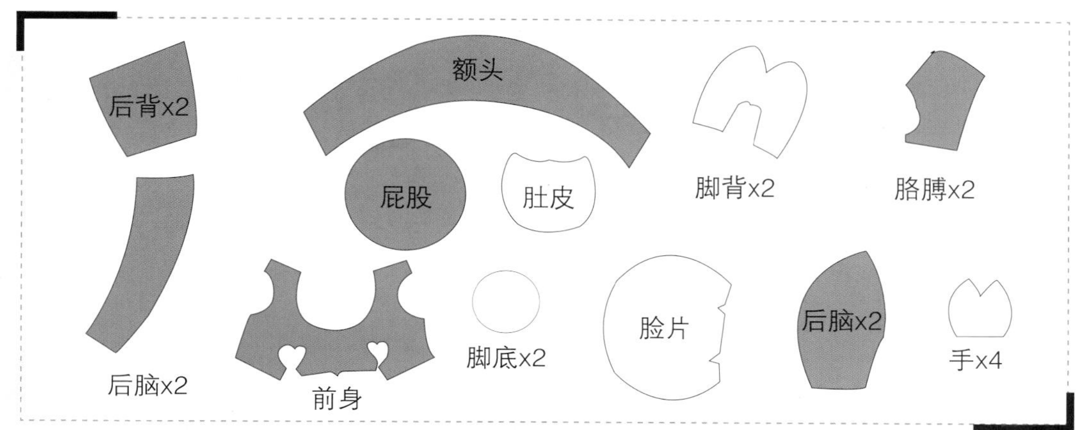

材料 蓝色、白色绒布，白色、红色不织布，粉红丝带 1 根，绣线，PP 棉适量

玩法

1. 剪出各部位的形状。
2. 将额头片的褶子缝合，再把脸片和额头片缝合。
3. 后脑片分 4 块，将它如图连续缝合。
4. 将缝合好的后脑片和缝制好的脸片如图缝合。
5. 将肚皮和前身缝合。

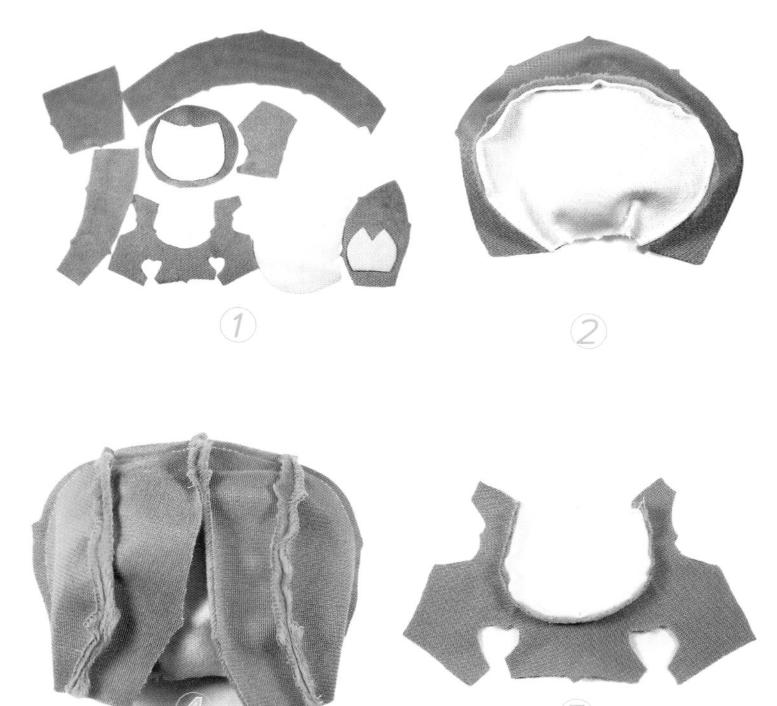

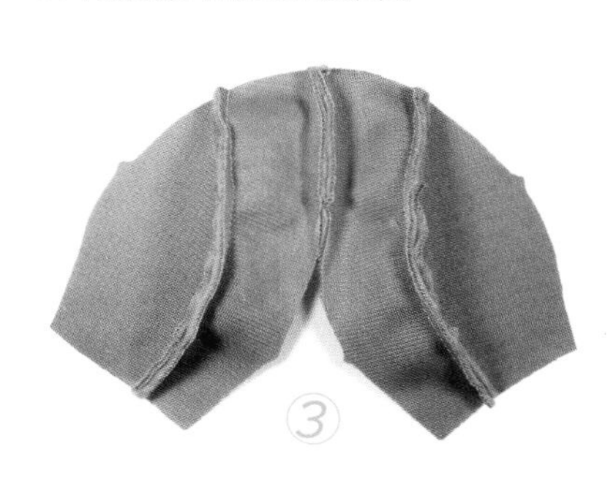

6. 后背分两块，正面相对缝合一半。
7. 剪出胳膊片两块，手掌片 4 块，把手掌片每 2 块正面相对缝合一半，然后再和胳膊缝合。
8. 将前身片和后背片正面相对，并把肩膀片部位如图缝合 1 厘米。
9. 把胳膊片和脚背片如图缝合。
10. 把胳膊片如图相对缝合。
11. 把脚背片的褶子缝合，然后与前身片缝合。
12. 把脚底如图缝合。
13. 将屁股片缝合。

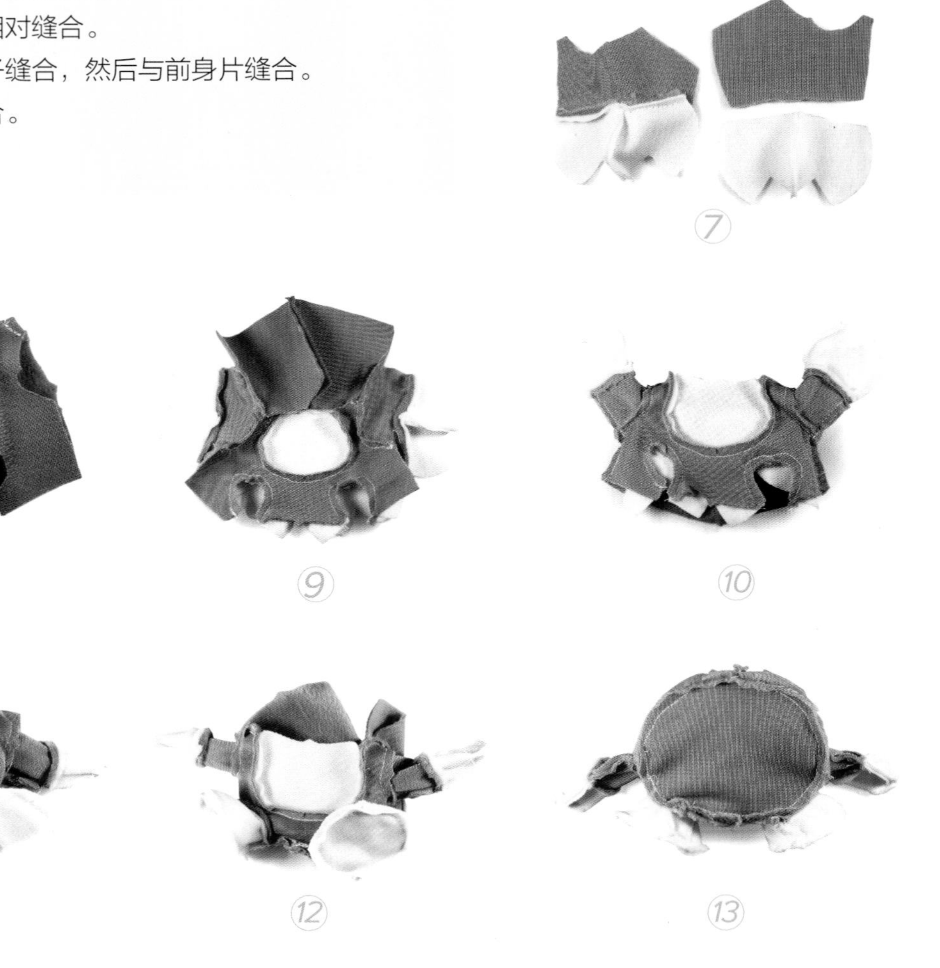

14

15

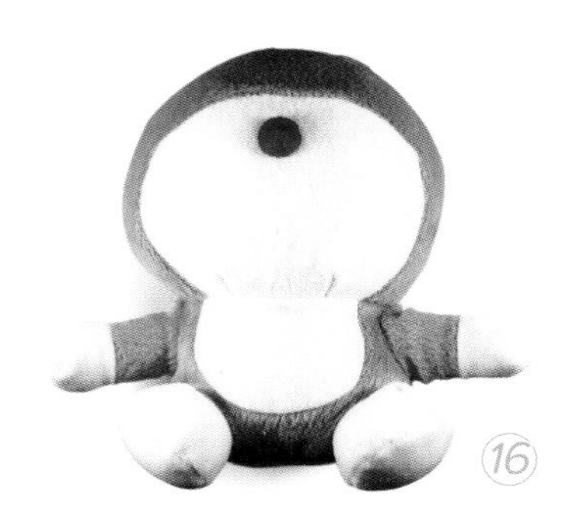
16

17

18

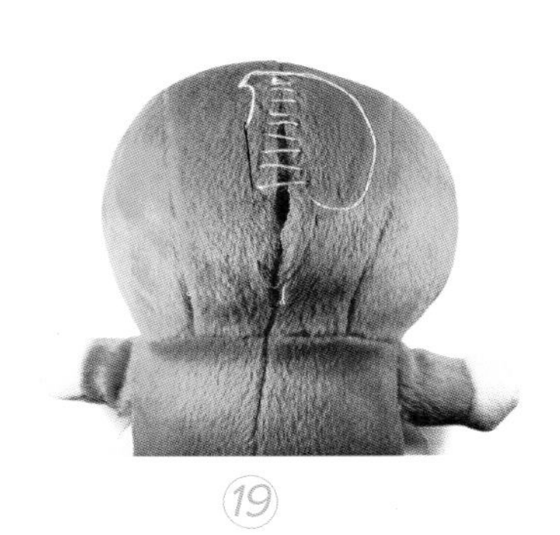
19

20

14. 将头和身体缝合，并在后脑留一个充棉口。
15. 前头和身体翻转过来，填充好 PP 棉。
16. 用红色布做一个小圆球，并把它填充 PP 棉作为叮当猫的鼻子缝在脸上。
17. 用白色不织布剪出椭圆形的眼睛，用黑色线绣上眼珠，然后用胶枪粘在头部合适的位置上。
18. 用黑色线绣制出胡子和嘴线。
19. 把充棉口用藏针法缝合，并拉紧线。
20. 剪 1 块半圆布片做叮当猫的兜肚，用胶粘贴在肚子上。然后，根据自己的喜好选择一根丝带系在叮当猫的脖子上，叮当猫就完成了。

Xiao qiao guai guai shu

小巧乖乖鼠

这款可爱的乖乖鼠是不是让你有立马拥其入怀的感觉呢？看吧！它正满心希望你带它回家呢。来吧，准备好，动手缝制吧。

纸样图

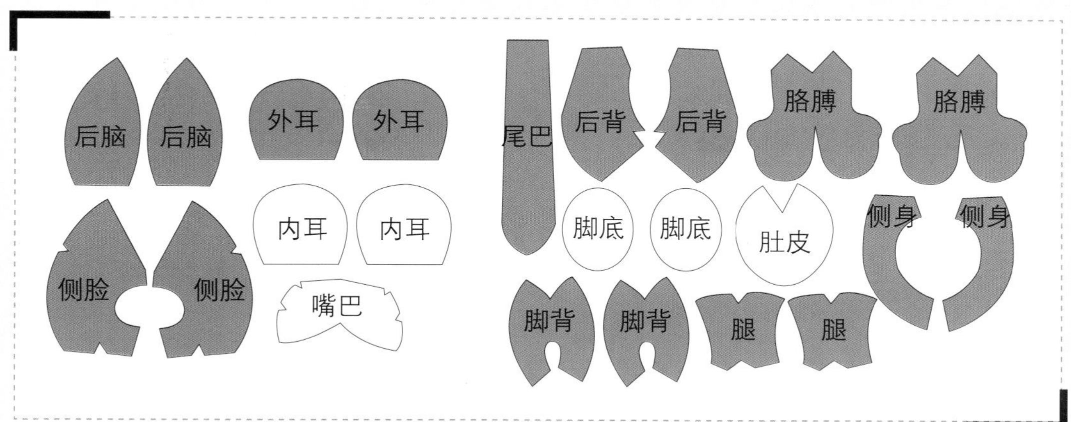

材料 黑色、白色、淡蓝色绒布，眼睛 1 对，绣线，PP 棉适量

玩法

1.剪出老鼠头部各部位形状的布片。

2.剪出老鼠身体各部位的形状的布片。

3.耳朵分4片，每内外两片正面相对缝合。

4.侧脸分两片，首先把褶子缝合，然后两片正面相对缝合。

5.将耳朵固定在侧脸片合适的位置上。

6.把白色布块的嘴巴和侧脸片如图缝合。

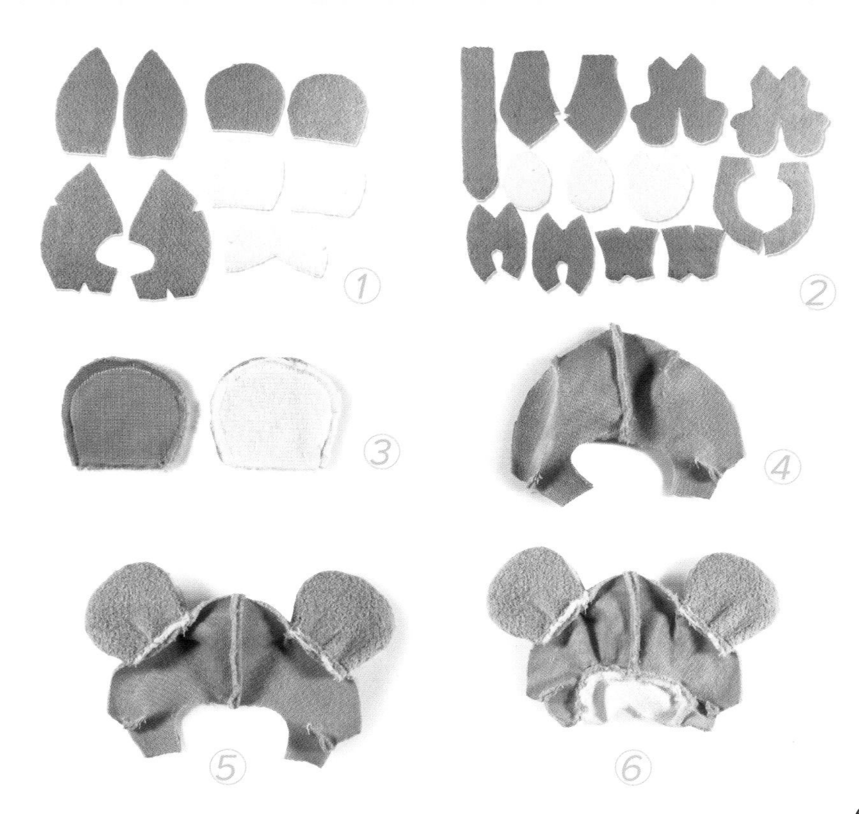

7. 后脑分两片，正面相对如图缝合一半。
8. 将缝制好的脸片和后脑正面相对缝合。
9. 将嘴巴如图对折缝合。
10. 把胳膊正面相对如图缝合。
11. 将腿上的褶子缝合，把脚背和腿也缝合在一起。
12. 将腿上的褶子缝合，把脚背和腿缝合。
13. 把缝制好的胳膊、腿翻转过来，并填充好PP棉。
14. 将尾巴对折缝合，然后翻转过来。
15. 后背分两片。首先把后背两个褶子缝合，然后两片正面相对缝合一半，在缝制的过程中把尾巴也一起放上缝合。

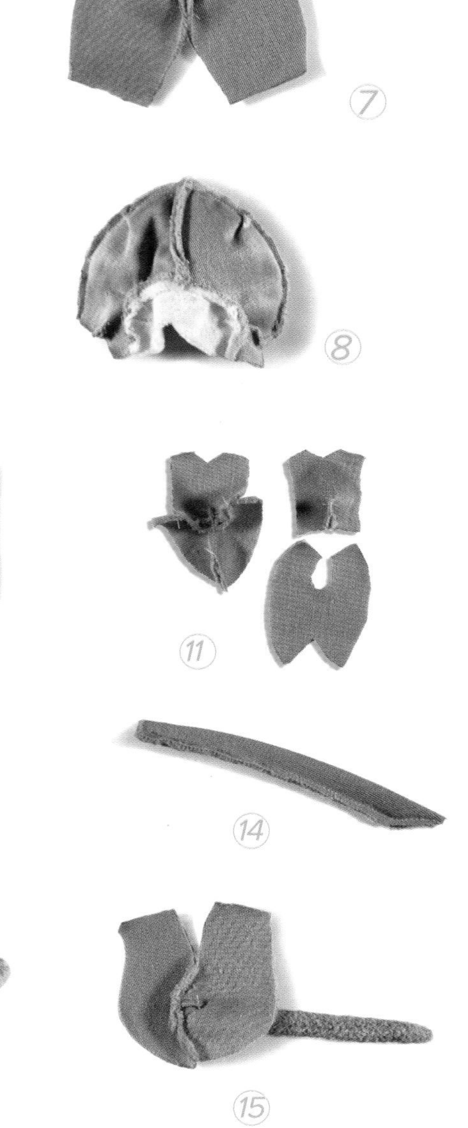

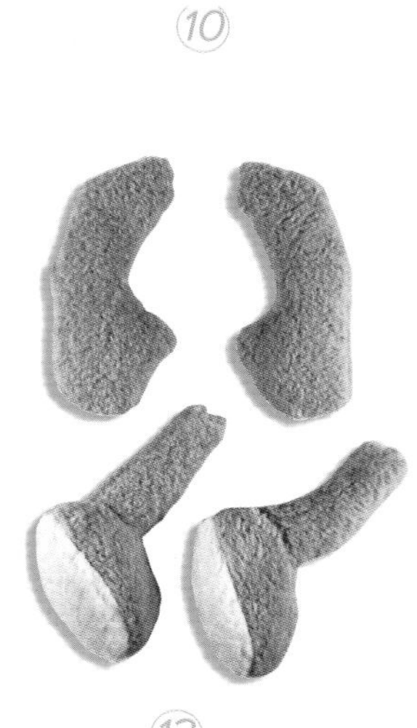

16. 身体侧身分两片，如图把上面部分缝合。
17. 把肚皮片和身体片缝合在一起。
18. 把身体的褶子缝合，把腿和胳膊固定在身体片上。
19. 将后背和身体正面相对缝合。
20. 把头和身体缝合，翻转成正面的样子。
21. 把眼睛安在合适的位置上，并从后面扣紧。
22. 填充 PP 棉，把充棉口用藏针法缝合抽紧。
23. 用黑色布做一个圆球当作老鼠的鼻子，用胶粘在适当位置。完成小巧乖乖鼠的缝制。

Huai huai liu mang tu

坏坏流氓兔

一只好事不干、尽做坏事的兔子，却赢得了男孩女孩的诸多宠爱，因为它能接近人们的内心童真。“不坏那么多，就坏一点点”，赶紧来做一只坏坏的流氓兔吧！

纸样图

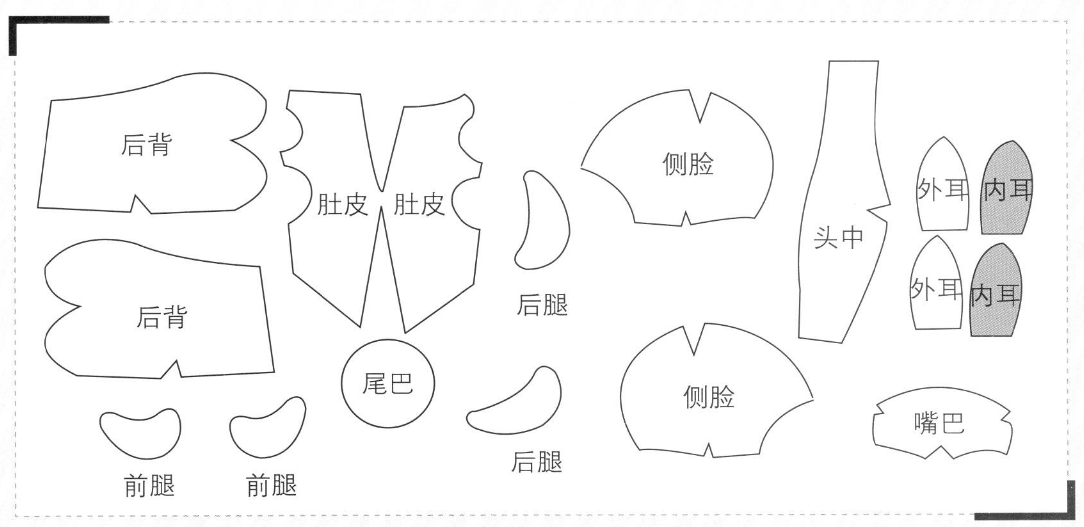

材料 白色绒布，粉色毛巾布，绣线，PP 棉适量

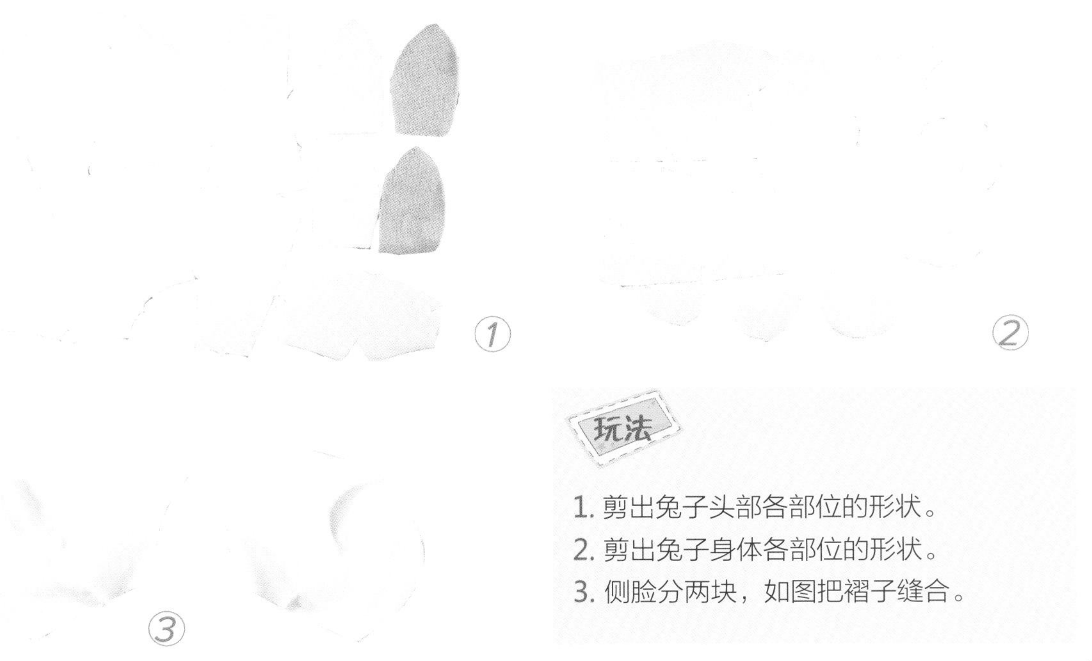

①

②

③

玩法

1. 剪出兔子头部各部位的形状。
2. 剪出兔子身体各部位的形状。
3. 侧脸分两块，如图把褶子缝合。

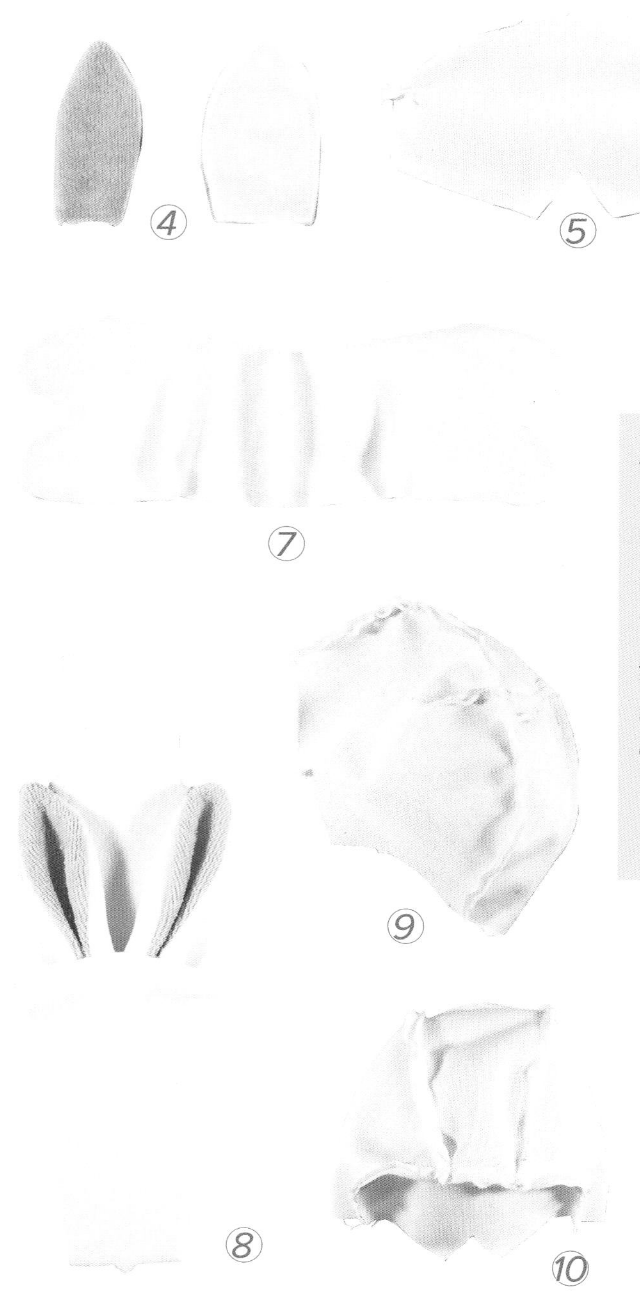

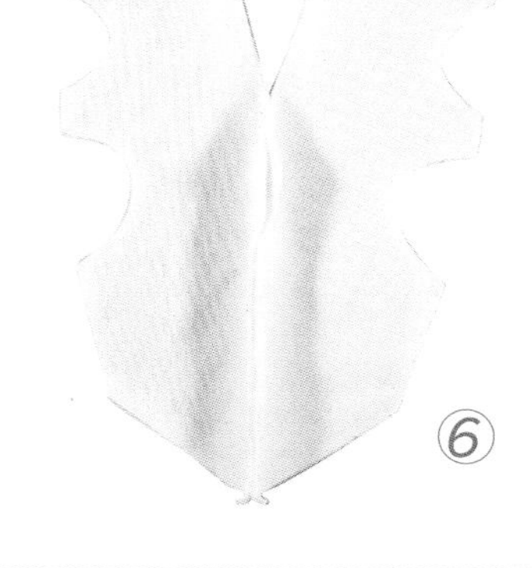

4.耳朵分4块，每内外两块正面相对缝合，然后翻转过来。

5.如图将嘴巴的褶子缝合。

6.肚皮分两块，如图正面相对缝合一半。

7.后背分两块，首先把后背上的褶子缝合，然后正面相对缝合。

8.将两片耳朵对折，然后缝制在头中片上。

9.将侧脸部位和头中部位如图缝合。

10.将缝制好的脑袋和嘴片缝合。

11. 把前腿和后腿缝合在肚皮片上。

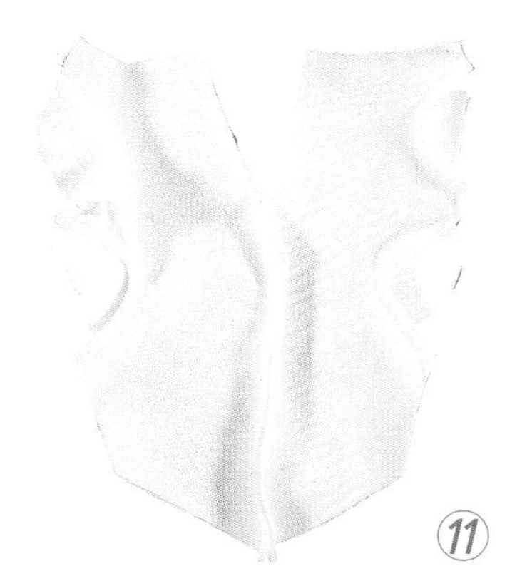

⑫

⑬

⑭

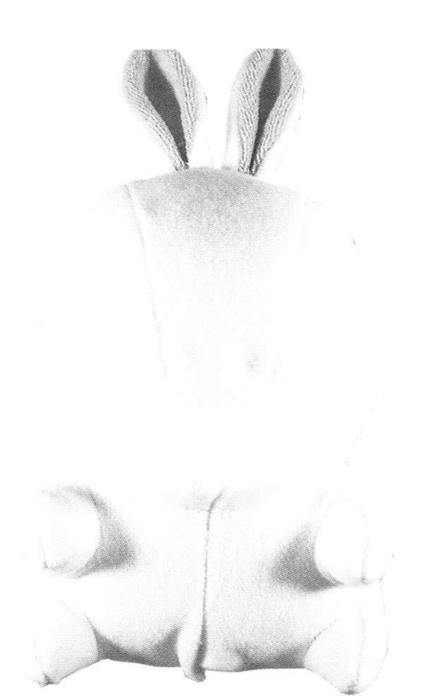
⑮

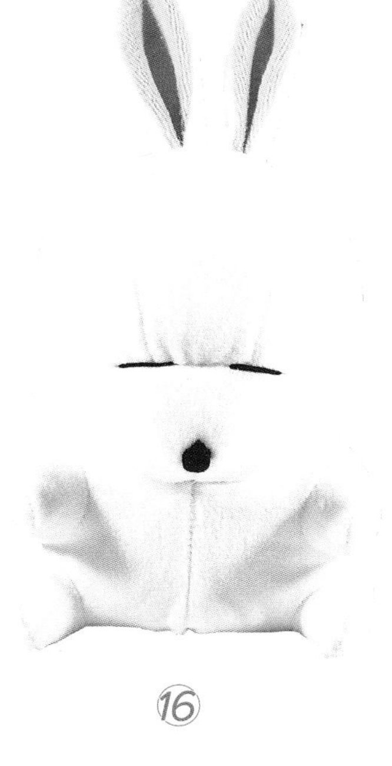
⑯

12.将缝制好的肚皮部位与后背正面相对缝合。

13.将头和身体接合并缝制起来。

14.翻转后的样子。

15.填充好PP棉，注意嘴巴部位的PP棉要稍微填充饱满点，其他部位均匀填充。

16.用藏针法把充棉口缝合，用黑色线绣出眼睛、鼻子。完成坏坏流氓兔的缝制。

Zhong guo wa wa

中国娃娃

具有中国传统特色的中国娃娃如今也流行起来了，各式的表情可以自己动手绣制哦，更受人青睐的是它头上的两个发髻，为它增添了无限可爱情趣！

纸样图

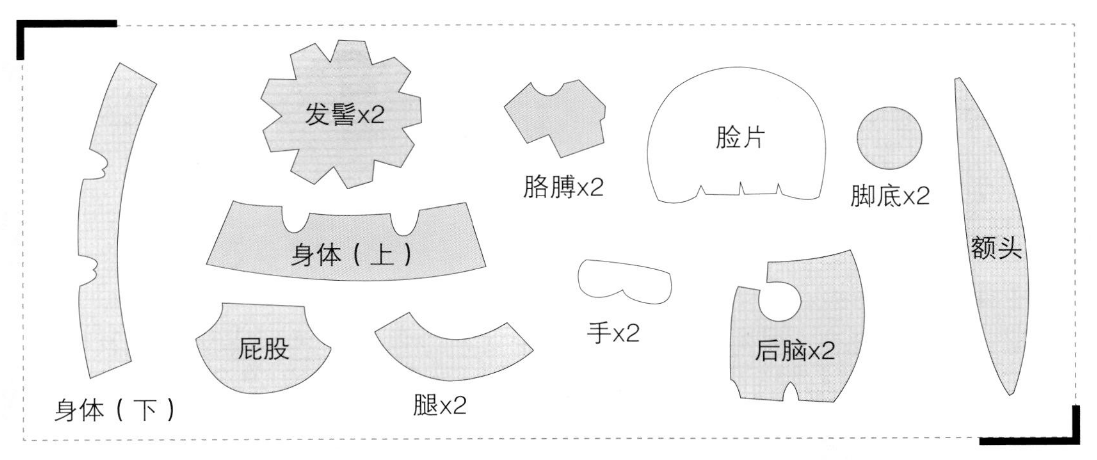

材料 黑色、桃红色、杏色绒布，粉红发圈 1 对，胭脂粉，绣线，PP 棉适量

玩法

1.剪出各部位的形状。
2.把脸片上的褶子缝合。
3.将用来作发髻的布片上的褶子全部缝合。
4.缝合好后发髻的形状。
5.后脑分两块，正面相对缝合一半。

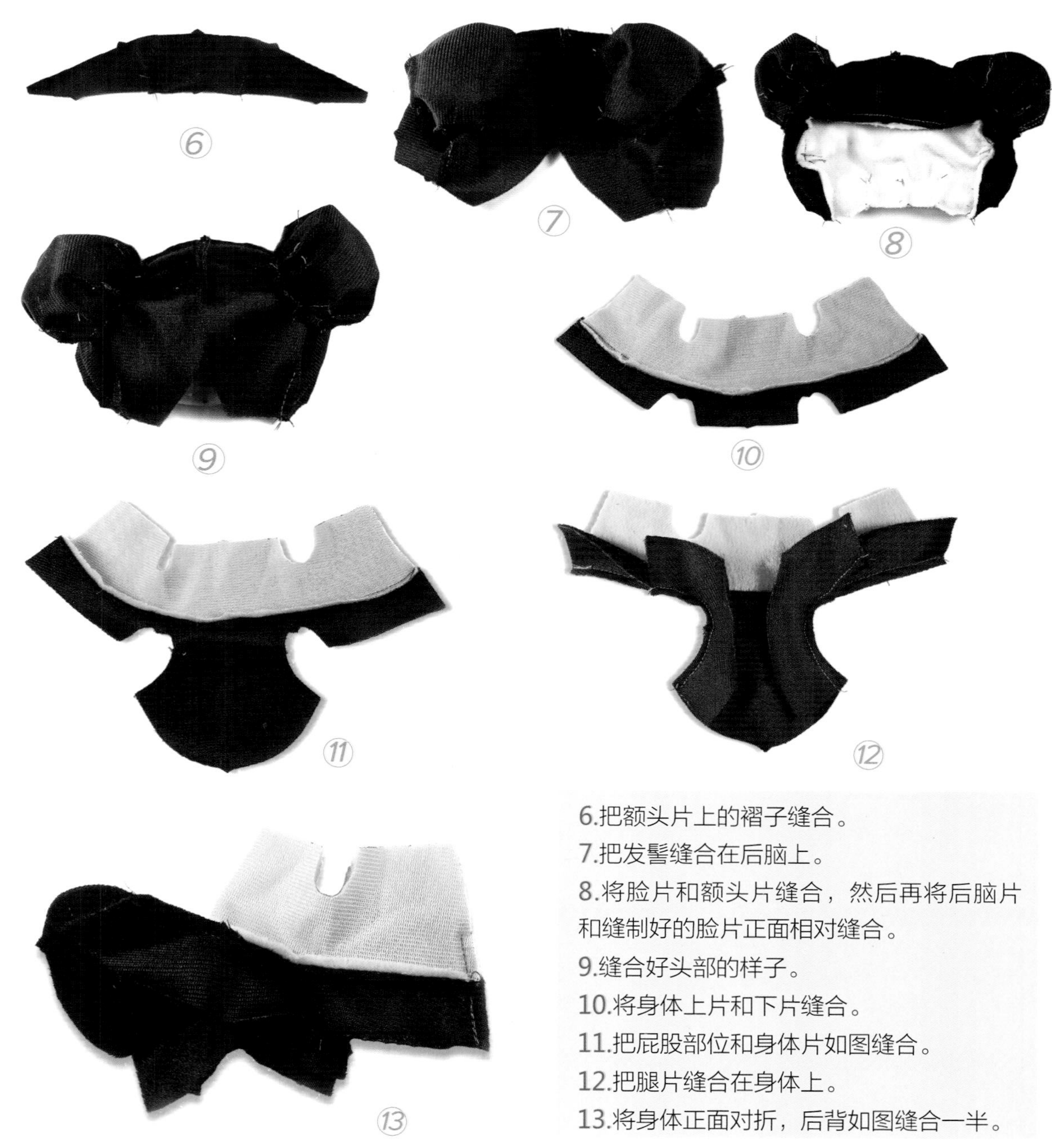

6.把额头片上的褶子缝合。

7.把发髻缝合在后脑上。

8.将脸片和额头片缝合，然后再将后脑片和缝制好的脸片正面相对缝合。

9.缝合好头部的样子。

10.将身体上片和下片缝合。

11.把屁股部位和身体片如图缝合。

12.把腿片缝合在身体上。

13.将身体正面对折，后背如图缝合一半。

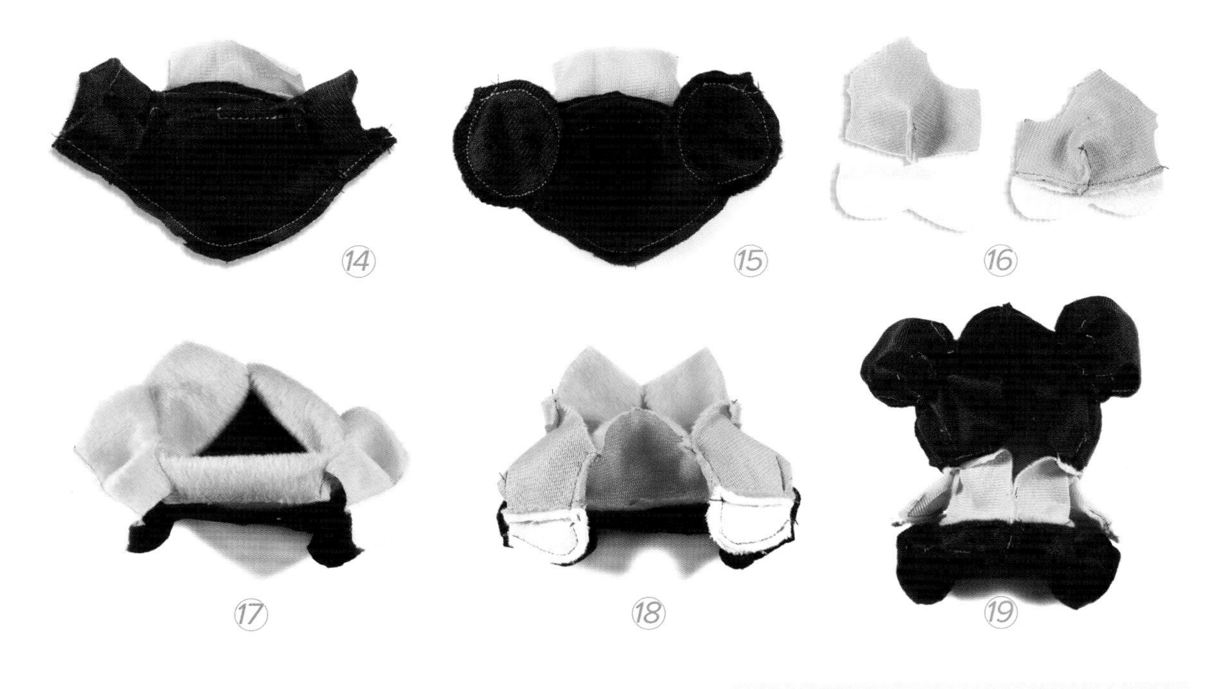

14.把两条腿的两边相对缝合。

15.将脚底缝合在腿上。

16.胳膊分两块，先把胳膊上的褶子缝合，然后把2个手掌片分别缝合在胳膊上。

17.把胳膊缝合在身体上。

18.将胳膊正面对折如图缝合。

19.把头和身体缝合并翻转过来。

20.填充好PP棉，注意全身要均匀填充。

21.用黑色线绣出眼睛、眼眉、嘴巴，然后用藏针法把充棉口缝合，最后涂上腮红，戴上发圈，完成中国娃娃的缝制。

Bao bao xiao mao mi

抱抱小猫咪

喜欢宠物的朋友们可不能错过哦，为自己的猫咪找一个伴吧！让它们一起玩游戏吧。

纸样图

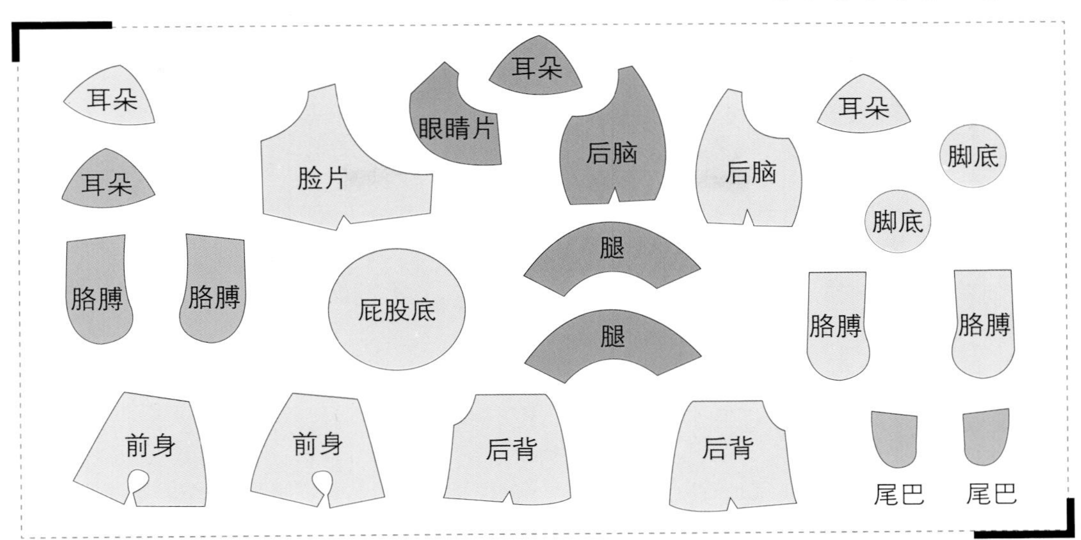

材料 桃红色、天蓝色绒布，绣线，PP 棉适量

玩法

1.剪出各部位的形状。

2.把脸片上的褶子缝合，再把脸片和眼睛片缝合

3.将脸片和两块耳朵缝合。

4.后脑分两块，先把褶子缝合，然后正面相对缝合一半。

①

②

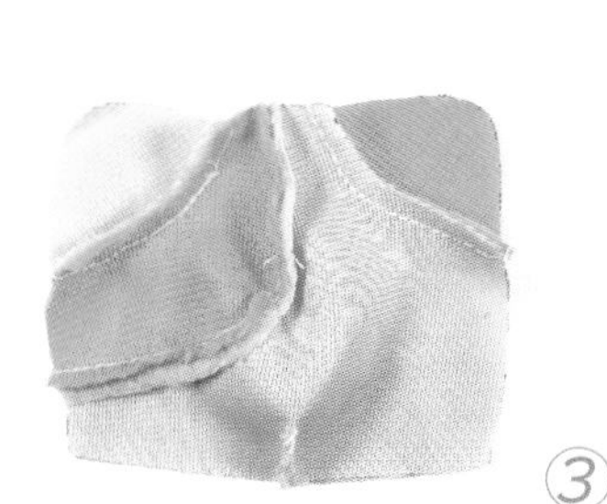

③

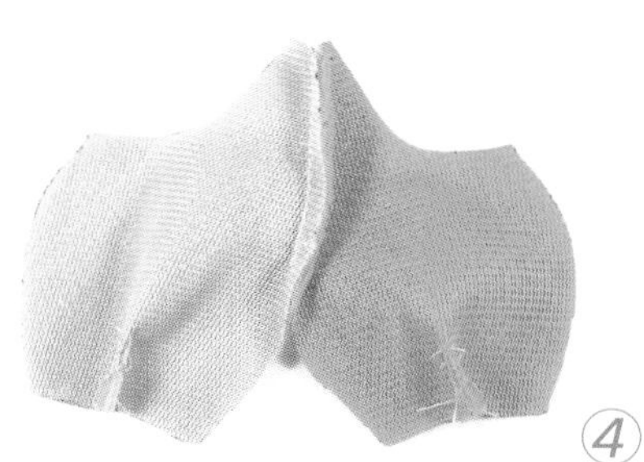

④

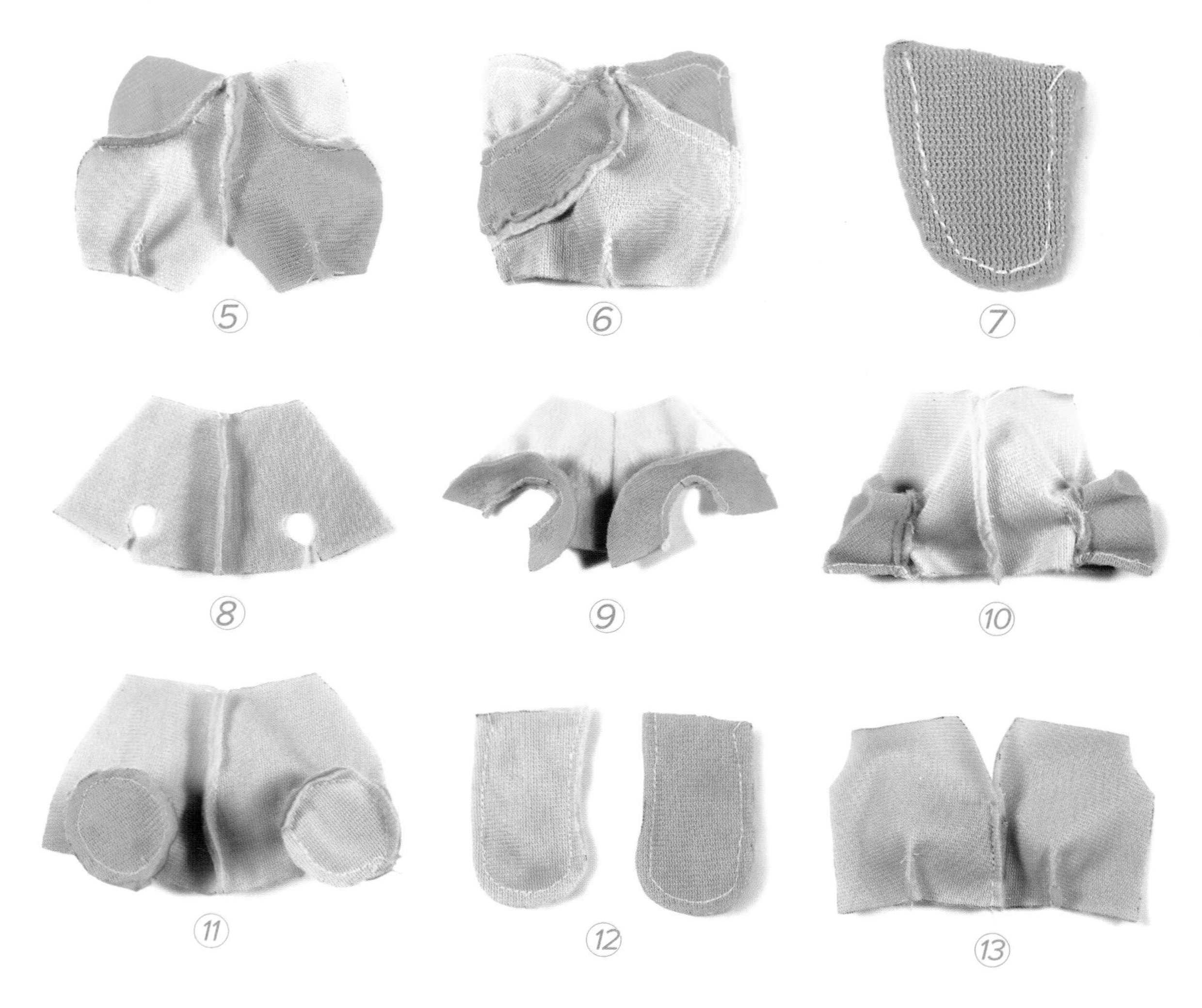

5.把另外两块耳朵缝合在后脑上。
6.将缝制好的脸片和后脑正面相对缝合。
7.尾巴分两块，正面相对缝合，并翻转过来。
8.前身分两块，正面相对缝合。
9.把腿片缝制在前身上。
10.将腿片对折缝合。
11.把两块脚底缝合到腿上。
12.胳膊分4块，每两块正面相对缝合。
13.后背分2块，首先把褶子缝合，然后正面相对缝合一半，缝合的时候把尾巴也缝上。

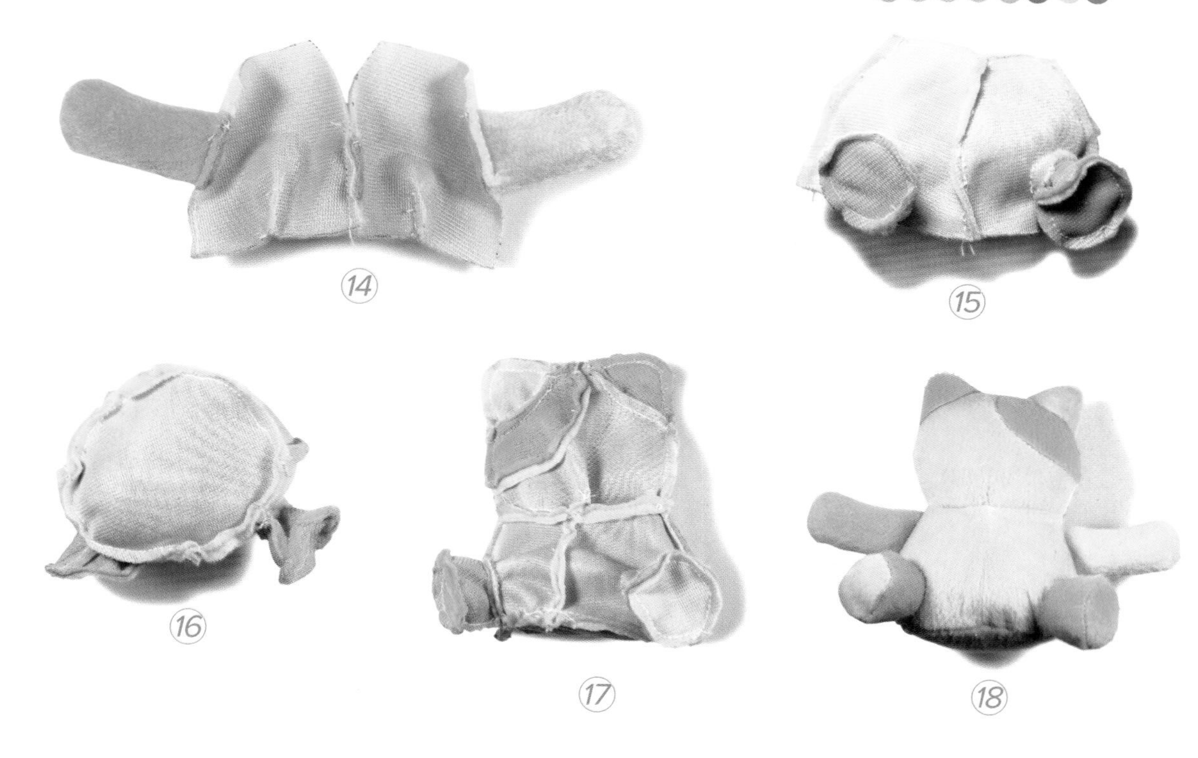

⑭ ⑮ ⑯ ⑰ ⑱

⑲

14.把两个胳膊填充好PP棉，然后如图固定在后背上。

15.先将前身和后背正面相对，然后把两侧缝合。

16.把屁股部位的布片缝合在身体上。

17.将头和身体缝合，后背留一个充棉口。

18.将头和身体翻转过来，填充PP棉并用藏针法把充棉口缝合。

19.用黑色线绣出眼睛、嘴巴、胡子、爪线，完成抱抱小猫咪的缝制。

Ke ai mao jia zu

可爱猫家族

这是我的兄弟姐妹，好不容易才相聚在一起，来一张全家福吧！

纸样图

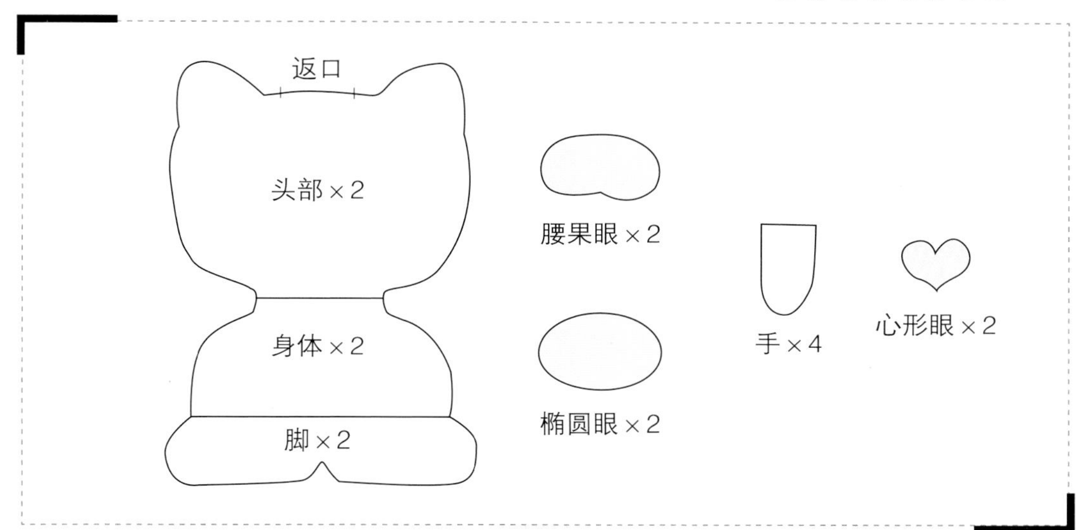

材料 白色绒布，各种花布，纺织颜料，PP 棉

玩法

1.取出花布和白布，用回针法缝合。
2.用花边剪剪去多余的布。
3.画出猫的上半身。
4. 缝上白色的布片，如图。

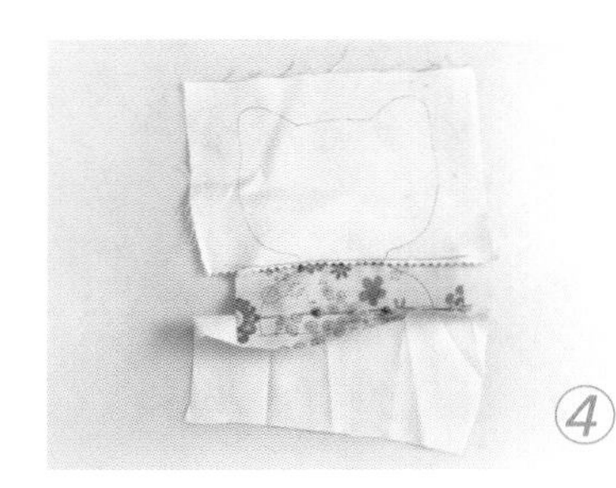

5.剪去多余的布，然后画出猫的脚。
6.用回针法缝好猫的身体轮廓，注意留返口。
7.翻转后，从返口处填充PP棉。
8.用藏针法缝合返口。
9.猫的身体做好了。
10.剪出猫的眼睛卡片，用铅笔描出猫眼睛的轮廓。
11.用染织颜料画出猫的眼眶和眼珠。
12.画上脸部表情后的效果图。

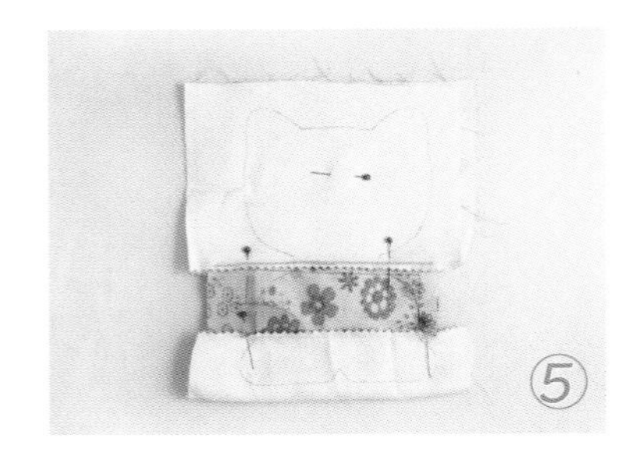

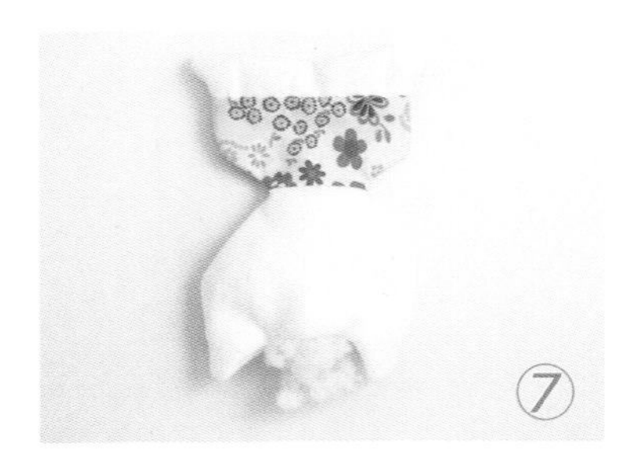

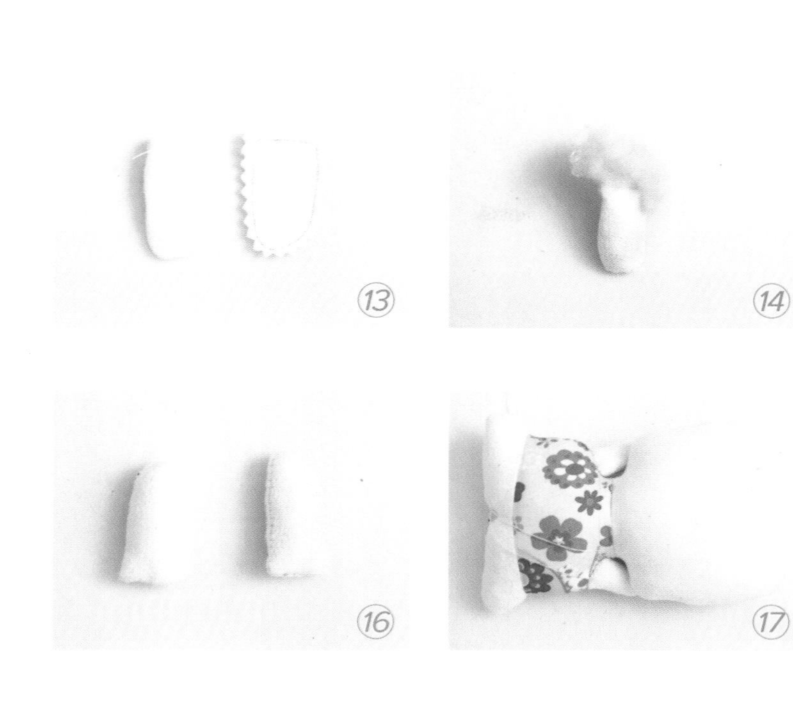

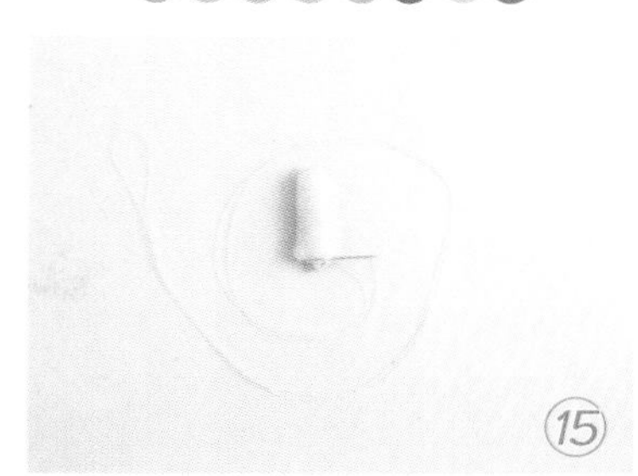

13.在布片上画出猫手臂的轮廓并缝合，留出返口，剪出牙口后，将布片翻转至正面。

14.填充适量PP棉。

15.用藏针法缝合返口。

16.做出两只猫的手臂。

17.用藏针法把猫的手臂缝在猫的身体上。

18.缝制好一只猫咪。

19.仿照前面的做法，还可以缝制不同花色、不同表情的猫咪。

20.发挥想象，缝制出一组可爱猫家族。

Ge zi xiao hua mao

格子小花猫

简单小巧的格子小花猫，戴上一个领结，像一位彬彬有礼的绅士。

纸样图

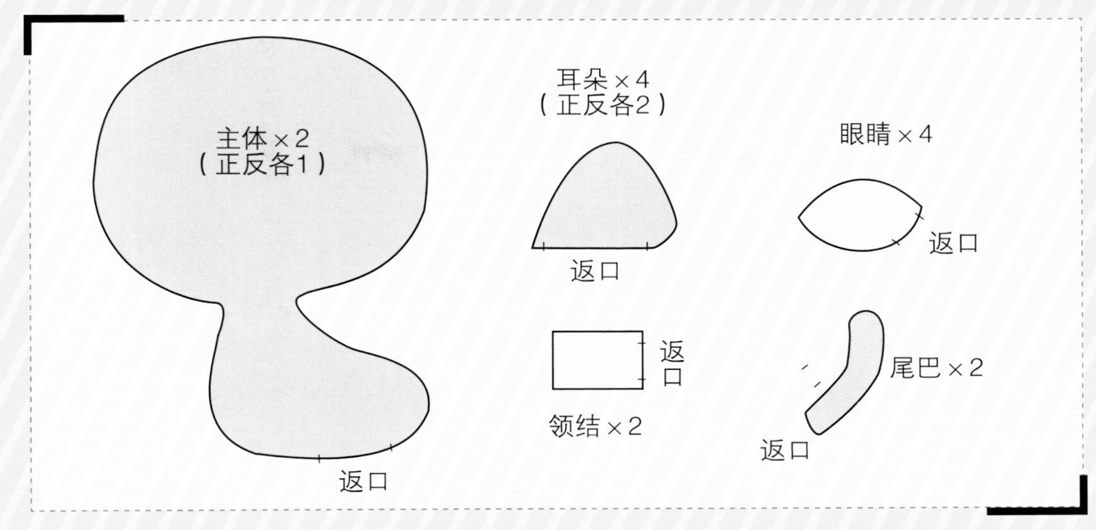

材料 格子花布，黄色柔布，黑色扣子两颗，黄色中国结挂绳，手机挂绳，PP棉适量

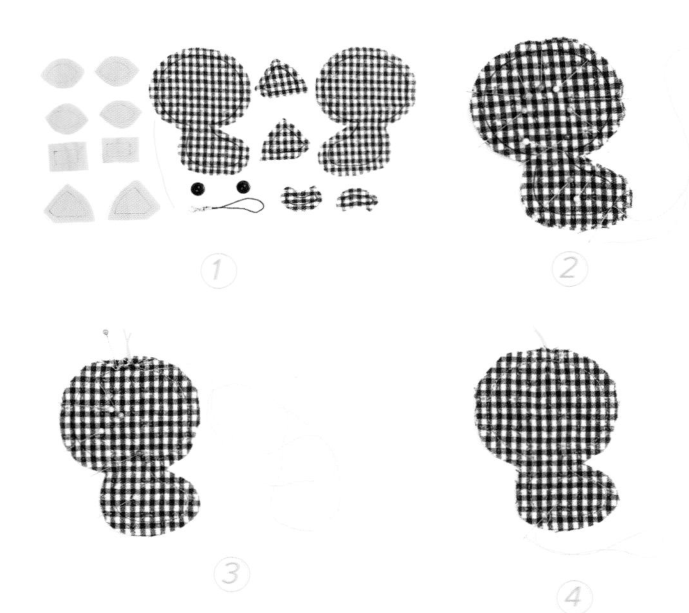

玩法

1.如图剪出各个形状的布片，并准备好其他材料。

2.将身体布片正面相对，用珠针固定，用回针法从底部开始缝。

3.缝至头顶时，把黄色中国结挂绳有孔部分放在里面，结头铺在缝线外（如图所示）。

4.把身体剩余的部分缝好，在底部留出返口。

5.将耳朵布片两两正面相对缝合，留出返口，注意两只耳朵是左右相反的。
6.将眼睛布片如图缝合，留出返口。
7.用同样的方法缝合尾巴和领结。
8.完成猫咪各部分的缝制。
9.从返口处将身体和尾巴翻转至正面，填充适量PP棉，再缝合返口。
10.其他部分直接翻转至正面并缝合返口。
11.如图用平针法在领结中间穿过，拉紧打结，完成蝴蝶领结的缝制。

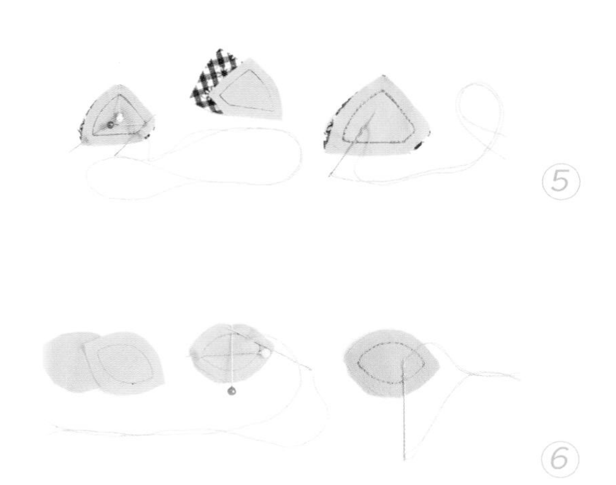
⑤ ⑥

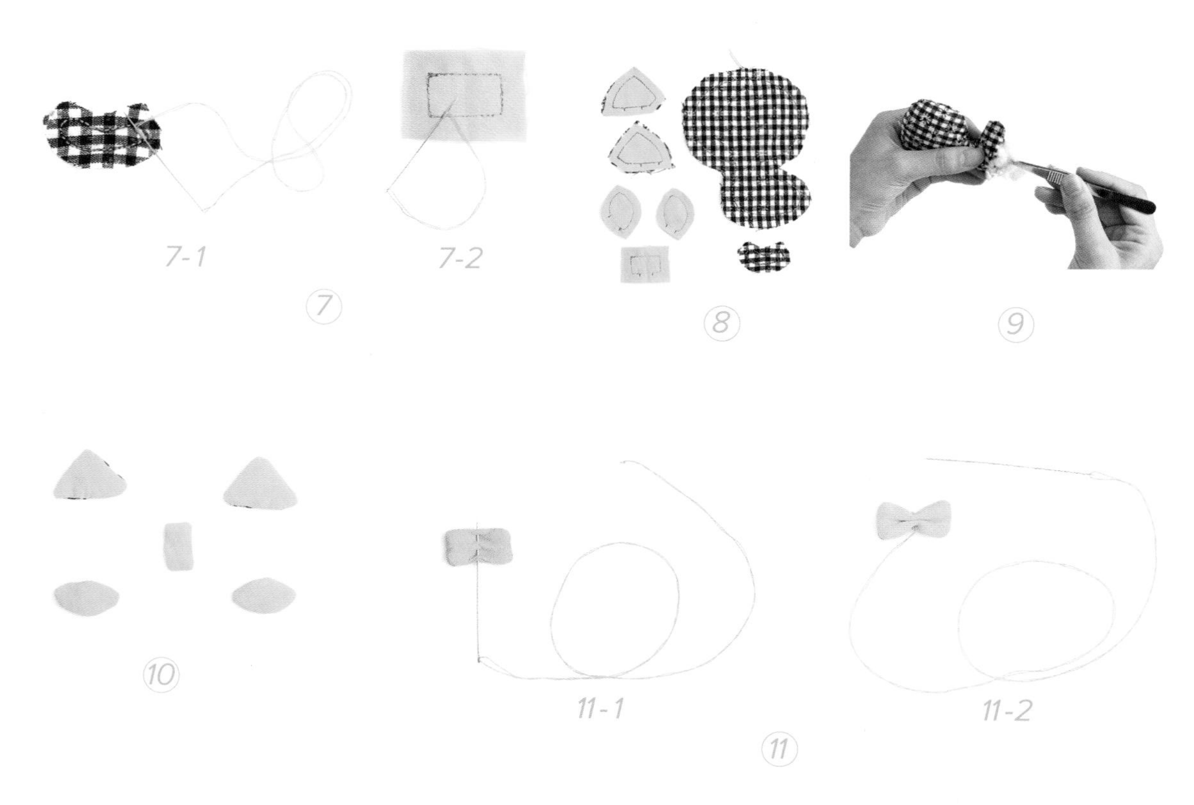
7-1 7-2 ⑦ ⑧ ⑨ ⑩ 11-1 11-2 ⑪

12.耳朵如图折叠，在重叠处的底部用藏针法缝合，完成耳朵的缝制。

13.把黑色扣子缝在眼睛上作为眼珠子。

14.将缝制好的耳朵和眼睛用珠针固定在头部。

15.用藏针法缝好眼睛。

16.同法缝合耳朵。

17.从蝴蝶领结的背面入针，将领结固定在脖子上。

18.用藏针法将尾巴缝上。

19.将尾巴尖固定在脸颊上，再装上手机挂绳，完成格子小花猫的缝制。

Dai meng tai di tu

呆萌泰迪兔

清新的格子纹理，呆萌的兔子，静静地坐在桌子上，有着不一样的意境。

纸样图

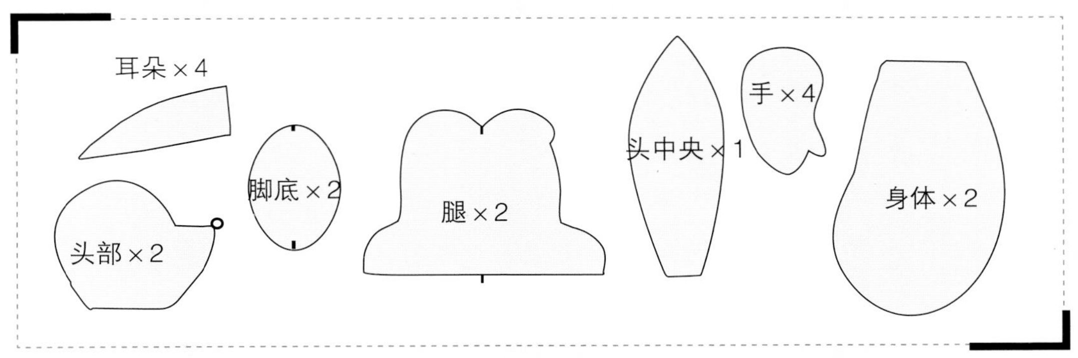

材料 绿色格子布，黑色珠子，扣子，丝带，PP 棉适量

玩法

1. 用纸样在格子布上画出形状并剪好。
2. 将头部和头中央的布片正面相对，用珠针固定并缝合，留出返口。
3. 如图在边缘剪出牙口。
4. 从返口处将布片翻转至正面，整理好形状。
5. 将耳朵布片两两正面相对缝合，留出返口，翻转至正面后填充适量 PP 棉，缝合底部，做出少许褶皱，完成耳朵的缝制。
6. 将腿部布片正面相对折叠，缝合，留出返口。
7. 将缝好的腿部布片和脚底布片正面相对，用珠针固定并缝合。
8. 将两者缝合后剪出牙口。

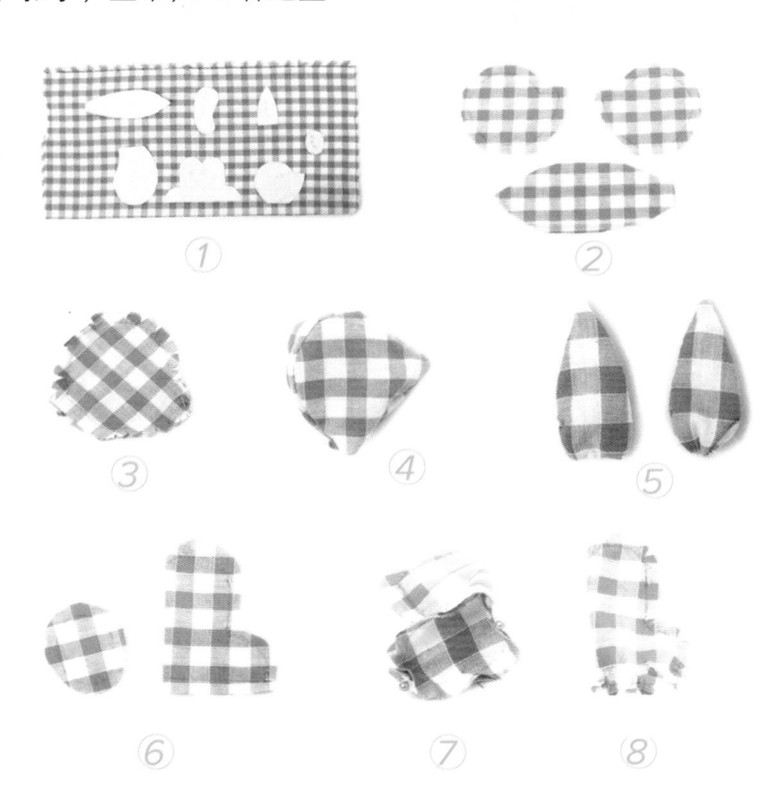

9. 从返口处将腿部翻转至正面，填充适量 PP 棉，缝合返口并整理好形状。
10. 胳膊和身体用同样的方法缝合。
11. 往各个部位填充适量 PP 棉，缝合返口并整理好形状。
12. 用藏针法缝接头部、耳朵和身体。
13. 将四肢用小扣子连接在身体上。
14. 缝接好泰迪兔身体各部分。
15. 缝上黑色珠子作眼睛，用黑色绣线在合适的位置上绣出十字定位，开始绣鼻子。
16. 围绕十字绣出鼻子所需的大小。
17. 用黑色绣线填满做好记号的部位，完成鼻子的绣制。
18. 在鼻子下面绣出嘴巴，在脖子上系上丝带，完成呆萌泰迪兔的缝制。

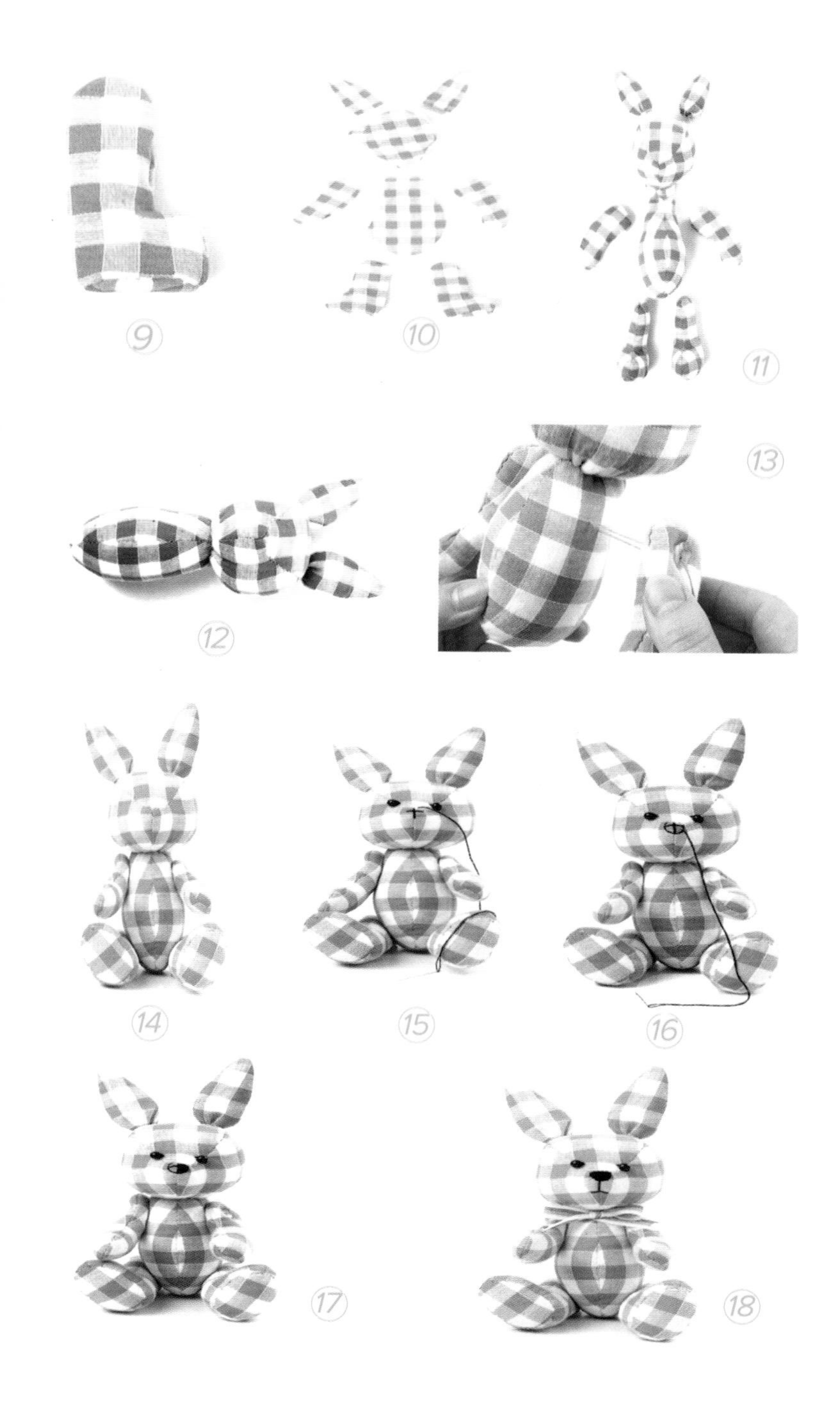

玩成环保居家小物

Environmental home decorations

Xiao tu bi tong tao

小兔笔筒套

既可作笔筒又可当作手机座的手工布偶造型可爱吧！想自己也动手制作一款吗？赶紧来看看它的制作步骤图吧！

纸样图

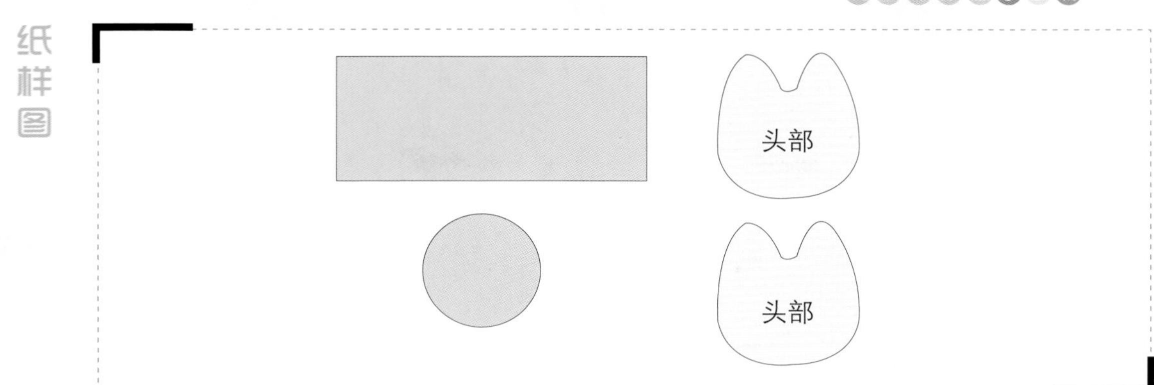

材料 蓝色、粉色、白色绒布，橘黄色、黑色、绿色不织布，腮红，纸壳筒1个，黑色绣线，PP棉适量

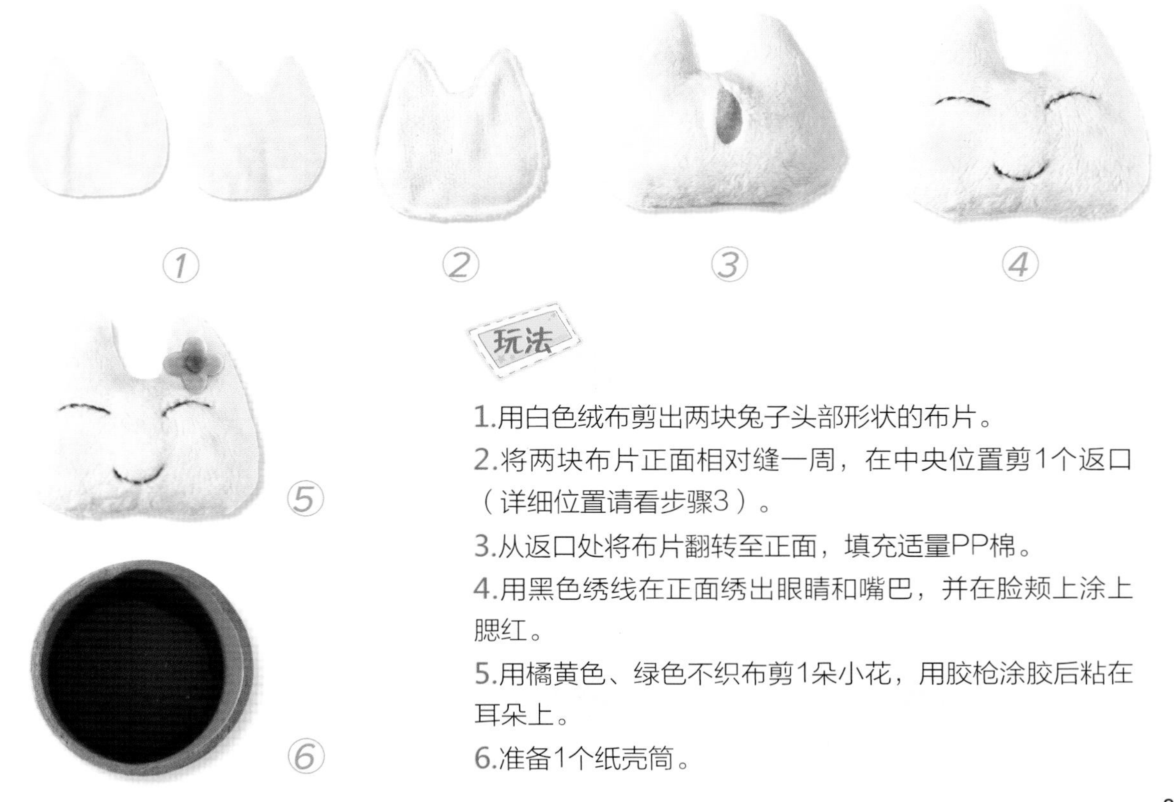

玩法

1.用白色绒布剪出两块兔子头部形状的布片。

2.将两块布片正面相对缝一周，在中央位置剪1个返口（详细位置请看步骤3）。

3.从返口处将布片翻转至正面，填充适量PP棉。

4.用黑色绣线在正面绣出眼睛和嘴巴，并在脸颊上涂上腮红。

5.用橘黄色、绿色不织布剪1朵小花，用胶枪涂胶后粘在耳朵上。

6.准备1个纸壳筒。

7.用粉色绒布剪出1块长方形布条和1块圆形底布。
8.将长方形布条对折后再把左侧面缝合。
9.将圆形底布和缝合后的布条缝合，做好1个小布袋。
10.将纸壳筒装进小布袋内。
11.将多出的毛边往筒内折进去。
12.用黑色不织布和蓝色绒布（背面为米色）剪出相同尺寸的长方形布片。
13.将两块布片的长边如图缝合。
14.将步骤13对折后把一侧缝合。
15.将整个里布缝制好后直接放入纸壳筒中。
16.用胶枪将兔头粘在筒壁上。
17.完成小兔笔筒套的缝制，也可以用它来给手机安个家。

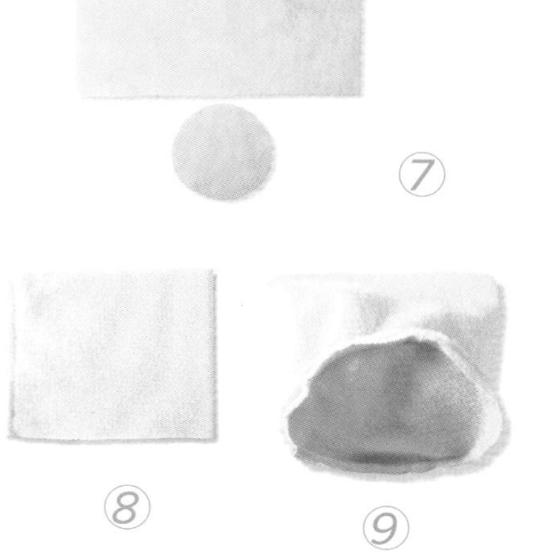

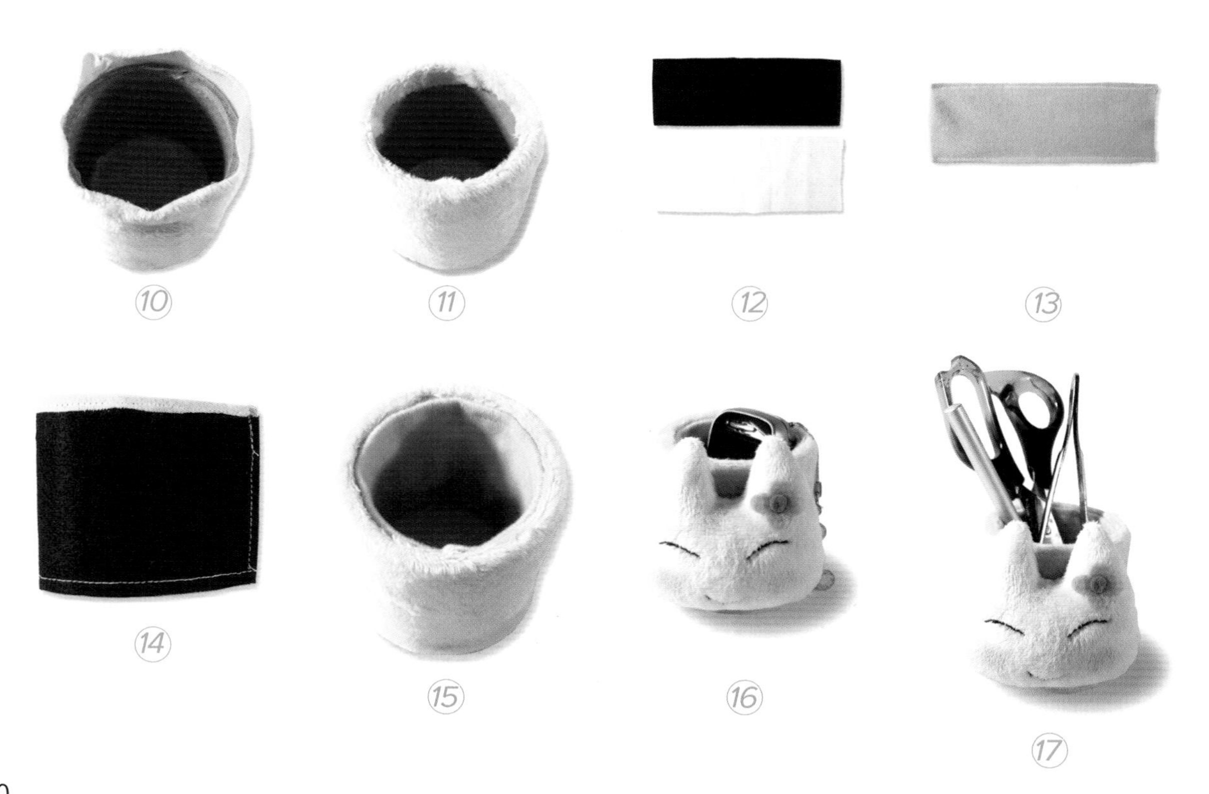

Huang xiong bi ji ben tao

黄熊笔记本套

给心爱的笔记本缝制一个布套吧，把自己的秘密也一起放进布套里，甜蜜又温馨。

纸样图

材料 红色圆点布，红色方格布，黑色、白色、蓝色、黄色、棕色、绿色不织布，彩带，绣线，PP 棉适量

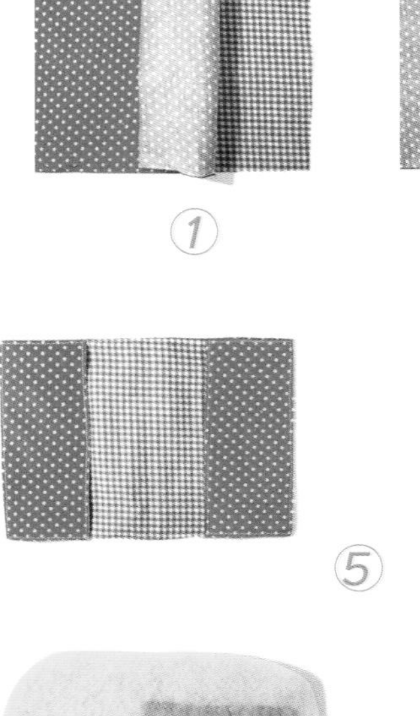

①　②　③　④　⑤　⑥

玩法

1.剪出尺寸30厘米×22厘米的表布和里布各1片（根据笔记本的实际尺寸大小而定）。

2.将表布和里布正面相对缝合，注意要留出返口。

3.将布套翻转过来，并将返口用藏针法缝合。

4.如图将布套两侧铺平对折，同时在布套的两边缝制明线。

5.将布套四周如图缝制明线。

6.用不织布剪1片椭圆形的布片，然后剪3个小方框如图缝合在布片上，开始做黄熊。

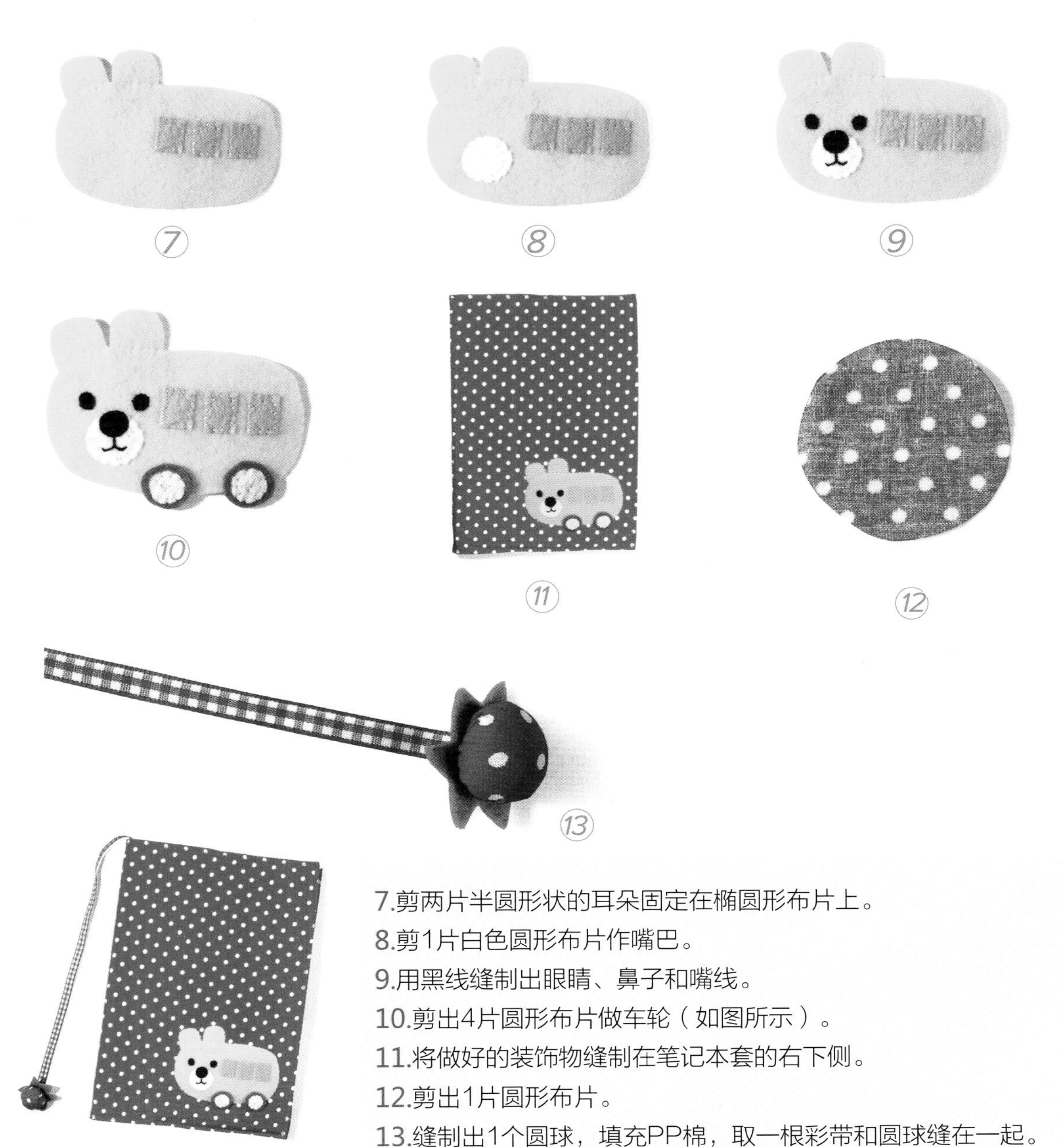

7.剪两片半圆形状的耳朵固定在椭圆形布片上。

8.剪1片白色圆形布片作嘴巴。

9.用黑线缝制出眼睛、鼻子和嘴线。

10.剪出4片圆形布片做车轮（如图所示）。

11.将做好的装饰物缝制在笔记本套的右下侧。

12.剪出1片圆形布片。

13.缝制出1个圆球，填充PP棉，取一根彩带和圆球缝在一起。

14.将它缝制在笔记本套的右下侧，可爱的笔记本套就完成了。

Jian dao tao

剪 刀 套

为锋利的剪刀穿上一件彩色的外套吧，这样寻找起来更方便又可避免伤害手。

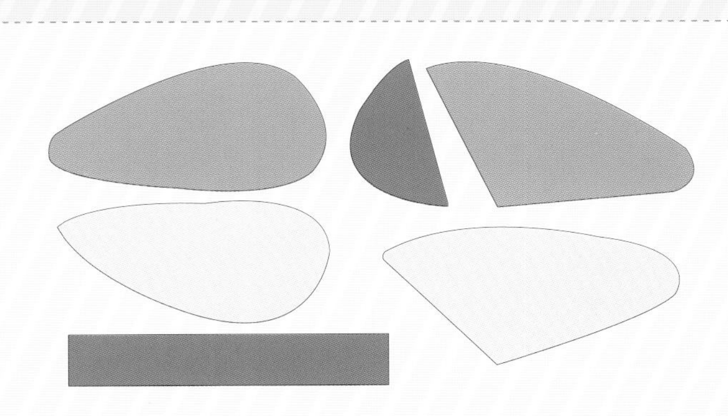

材料 草绿色花布，绿色方格布，扣子 1 颗，绣线，铺棉适量

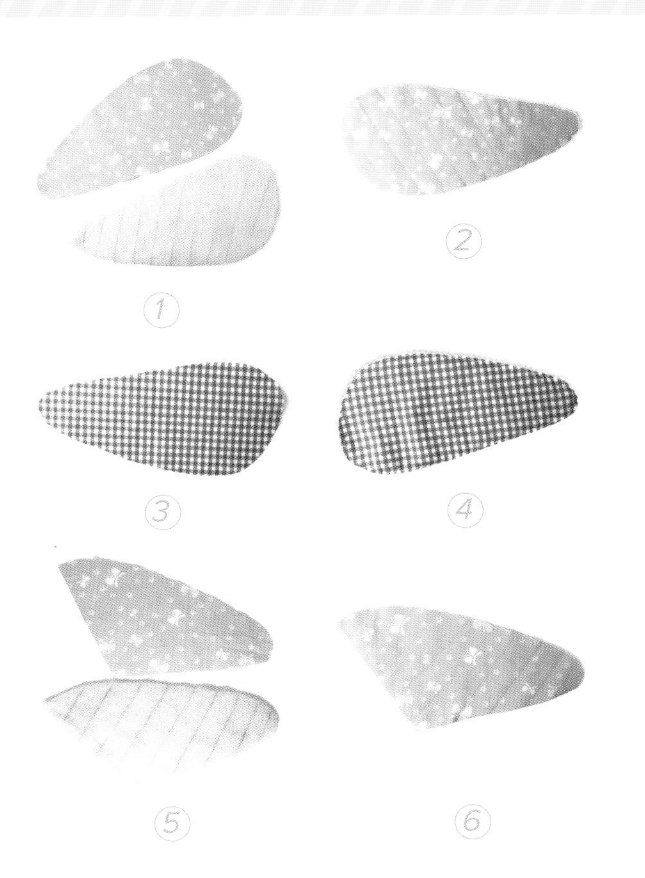

玩法

1. 用草绿色花布剪出底部布片和同样形状的铺棉各 1 块，并在铺棉上画好辅助线。
2. 将铺棉和布片对齐放好，并按照辅助线缝制明线（如图所示）。
3. 用绿色方格布剪出和底部布片相同形状的里布 1 块。
4. 将里布和底部布片以及铺棉对齐，然后在周围用线固定一圈。
5. 用草绿色花布剪出剪刀套表面部位的布片和相同尺寸的铺棉各 1 块，同样在铺棉上画好辅助线。
6. 将布片和铺棉对齐放好，并按辅助线缝制明线。

7. 用绿色方格布剪 1 块和剪刀套表面部位相同尺寸的里布。
8. 将布片、铺棉、里子布对齐，并在周围用线固定一圈。
9. 剪 1 片宽 3 厘米的布条。
10. 将布条如图包边缝制。
11. 将剪刀套前片和后片如图相对缝合一圈。
12. 取 1 块布条做成一条带子如图固定在剪刀套上。
13. 将剪刀套边缘用绿色方格布布条包边。
14. 将纽扣如图缝制在剪刀套上面。
15. 完成剪刀套的缝制。

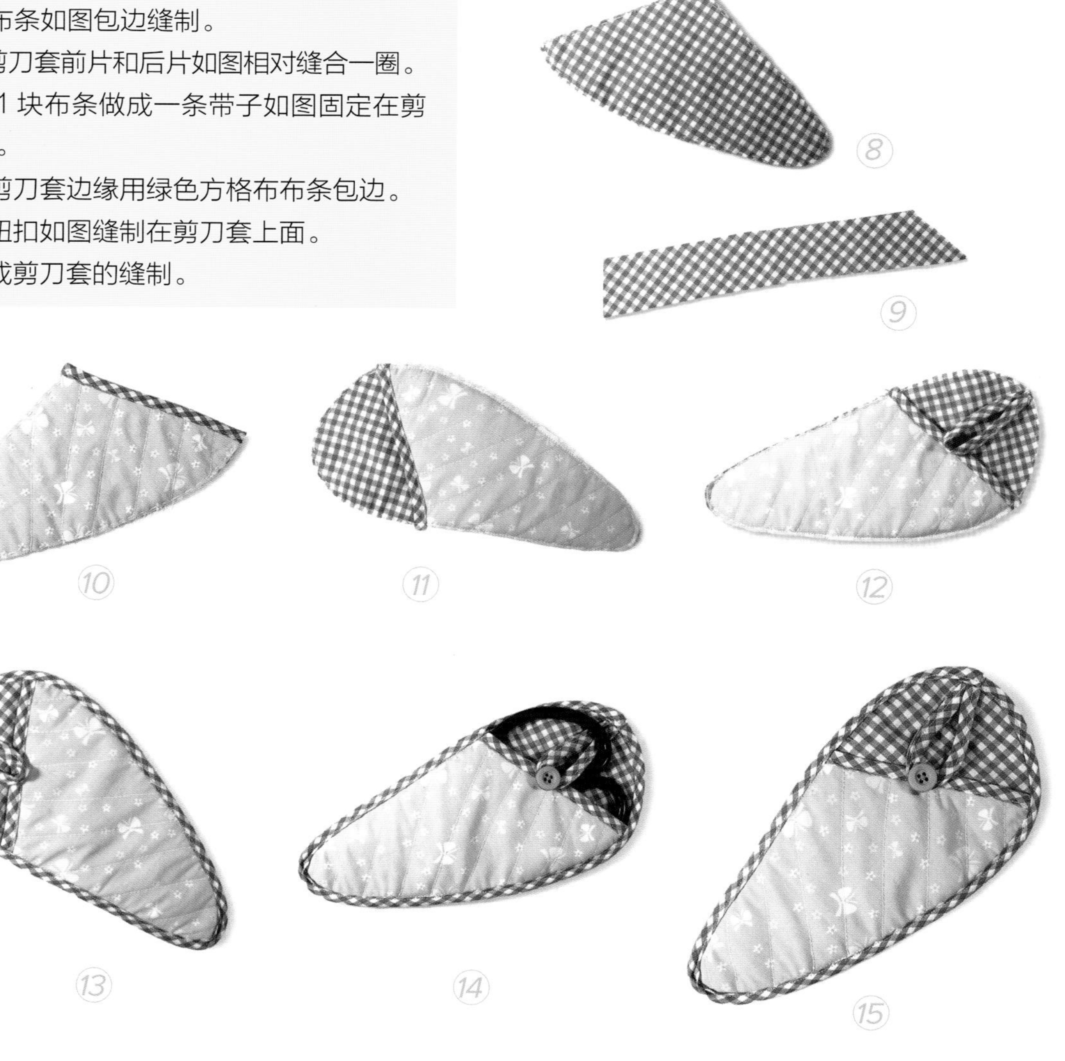

Dai meng shou ji dai

呆萌手机袋

制作一款呆萌的手机袋，把自己心爱的手机放进去，既可保护手机，又可当作饰物，一举两得呢！

纸样图

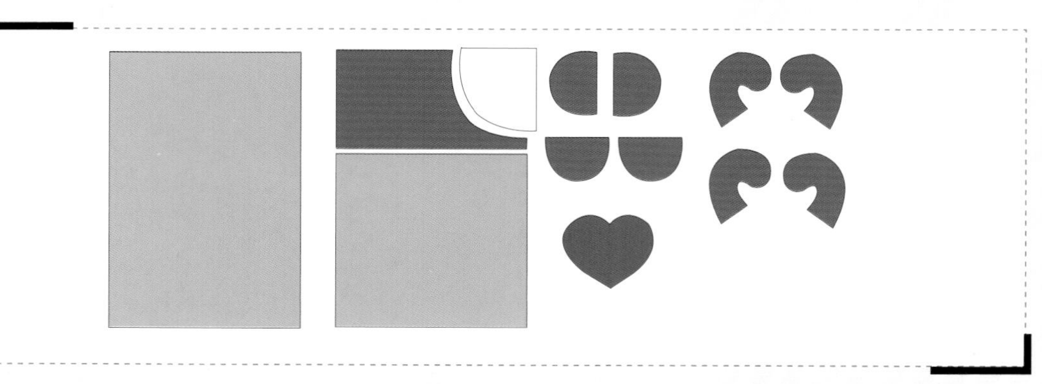

材料 天蓝色、深蓝色、白色绒布，红色不织布，扣子1颗，黑色珠子1对，浅蓝色绳子1根，绣线

玩法

1. 用深蓝色、白色绒布剪出两块如图形状的布片。
2. 将两块布片从反面缝接在一起，此为正面的样子。
3. 用天蓝色绒布剪出如图形状的布片，同样跟步骤 2 的部分缝接在一起。
4. 用深蓝色绒布剪出 8 块半圆形布片，每两块正面相对缝合，留出返口，翻转至正面，作为胳膊和腿。
5. 用同样的方法将胳膊和腿缝接到身体上。
6. 用天蓝色绒布剪出 1 块和步骤 3 同样大小的布片。

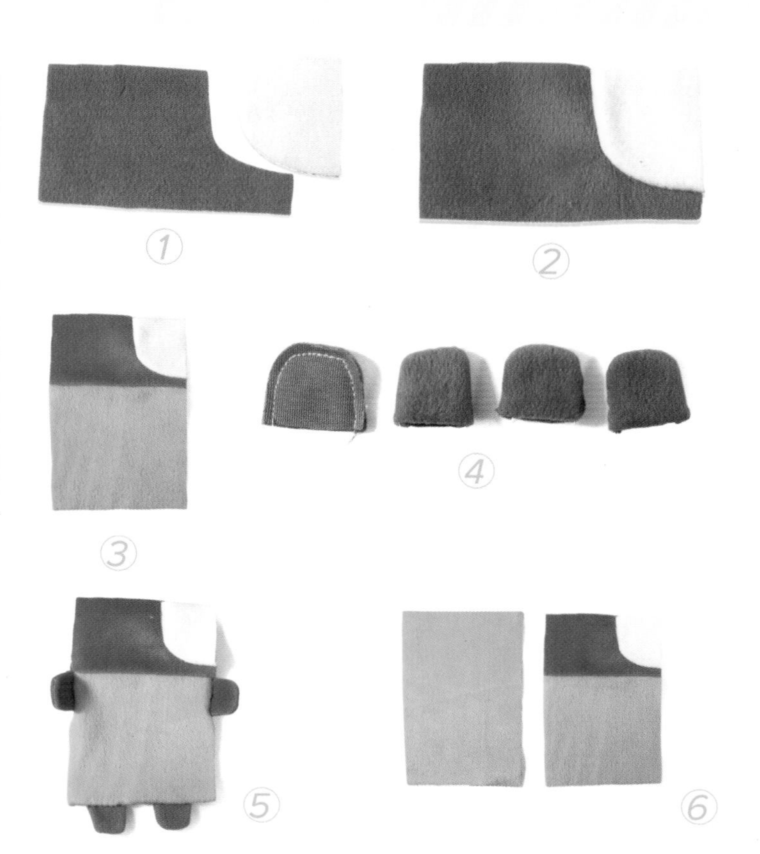

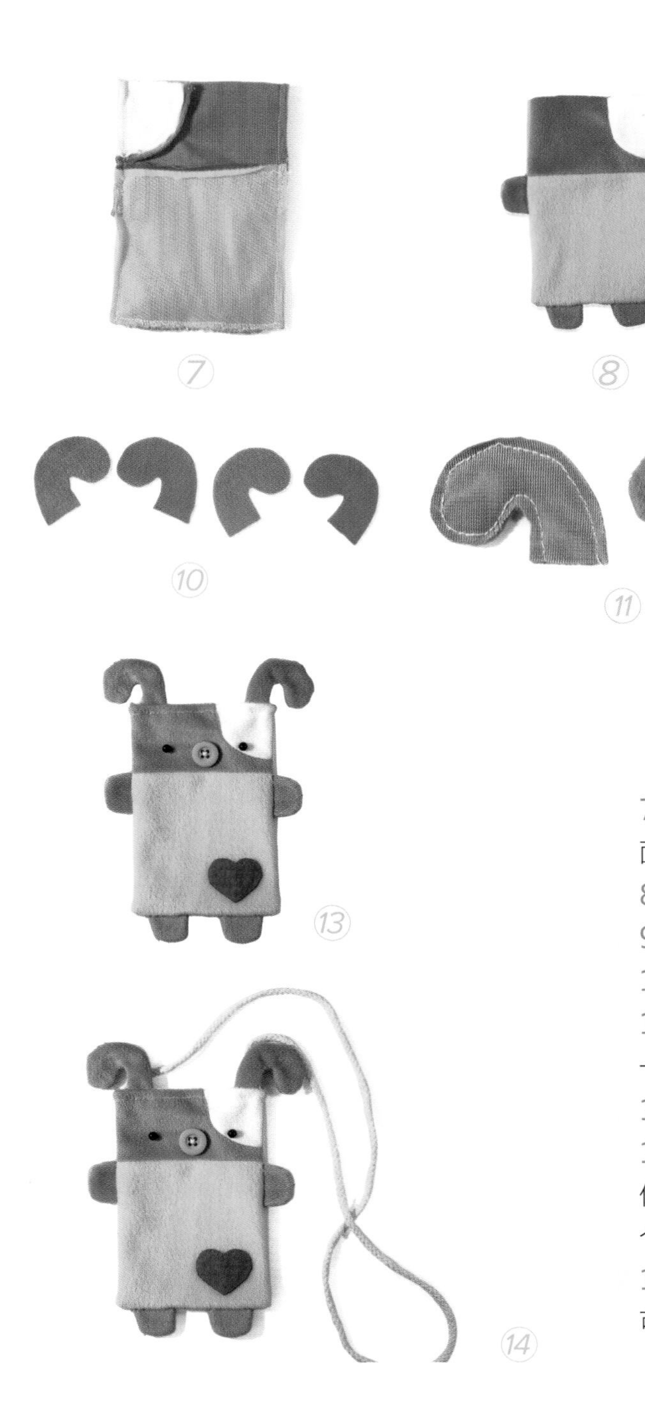

7\. 将步骤 6 的天蓝色布片与步骤 5 的布片正面相对，左、右、下三面缝合。

8\. 从上面翻转至正面并压平。

9\. 将上面的毛边向内折，再缝一圈明线。

10\. 用深蓝色绒布剪出 4 块耳朵形状的布片。

11\. 每两块正面相对缝合，留出连接身体的一边，再翻转至正面。

12\. 将耳朵缝接在合适的位置上。

13\. 取 2 颗黑色珠子和 1 颗扣子缝在合适的位置上作为眼睛和鼻子，用红色不织布剪 1 个心形并贴在右下角。

14\. 取 1 根浅蓝色绳子缝在耳朵的两侧，即可完成呆萌手机袋的缝制。

Tu ya qian bao

涂鸦钱包

零钱太多啦，该找位管家为您保管了！

纸样图

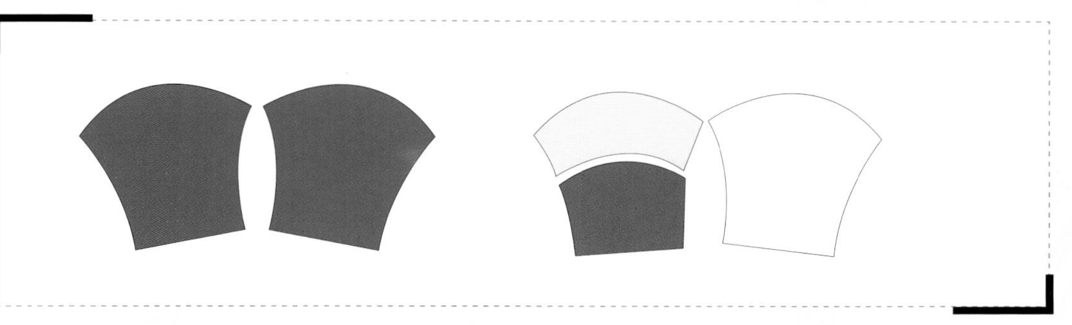

材料 暗红色方格布，棕色麻布，铺棉，拉链 1 条，红、绿、黄三色绣线

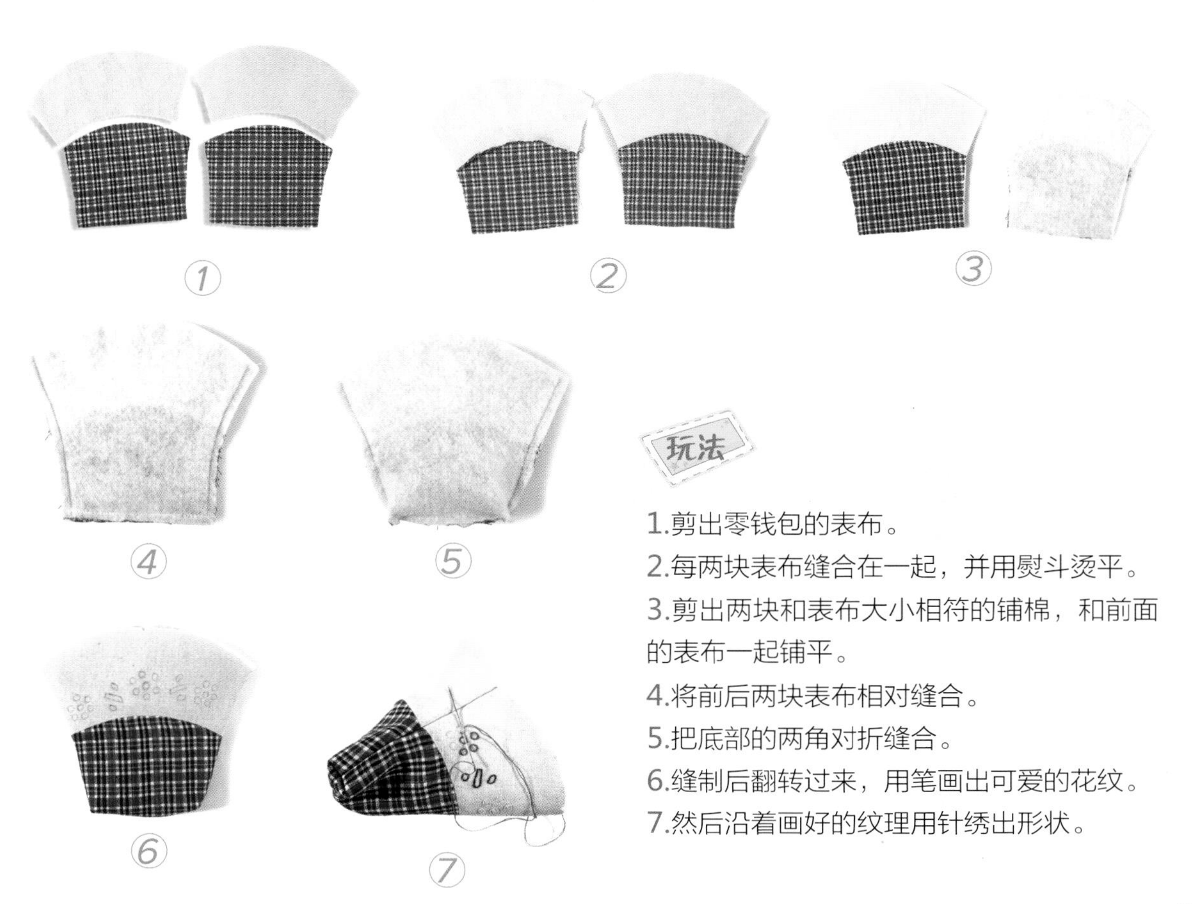

玩法

1.剪出零钱包的表布。

2.每两块表布缝合在一起，并用熨斗烫平。

3.剪出两块和表布大小相符的铺棉，和前面的表布一起铺平。

4.将前后两块表布相对缝合。

5.把底部的两角对折缝合。

6.缝制后翻转过来，用笔画出可爱的花纹。

7.然后沿着画好的纹理用针绣出形状。

8.绣好后的样子。

9.剪出和表布大小相符的两块里布。

10.将两块里布相对缝合。

11.把里布底部的两角如图缝合。

12.把缝制好的里布放进去。

13.将里布和表布放整齐并固定一圈（如图所示）。

14.剪一块宽3厘米的布条给零钱包包边。

15.把布条包在零钱包的入口处。

16.准备1条拉链。

17.对照包口的尺寸将拉链放平，然后缝制在包口上。

18.把拉链拉上，并在拉链上用1根布条做拉环。一款可爱的零钱包就做好了。

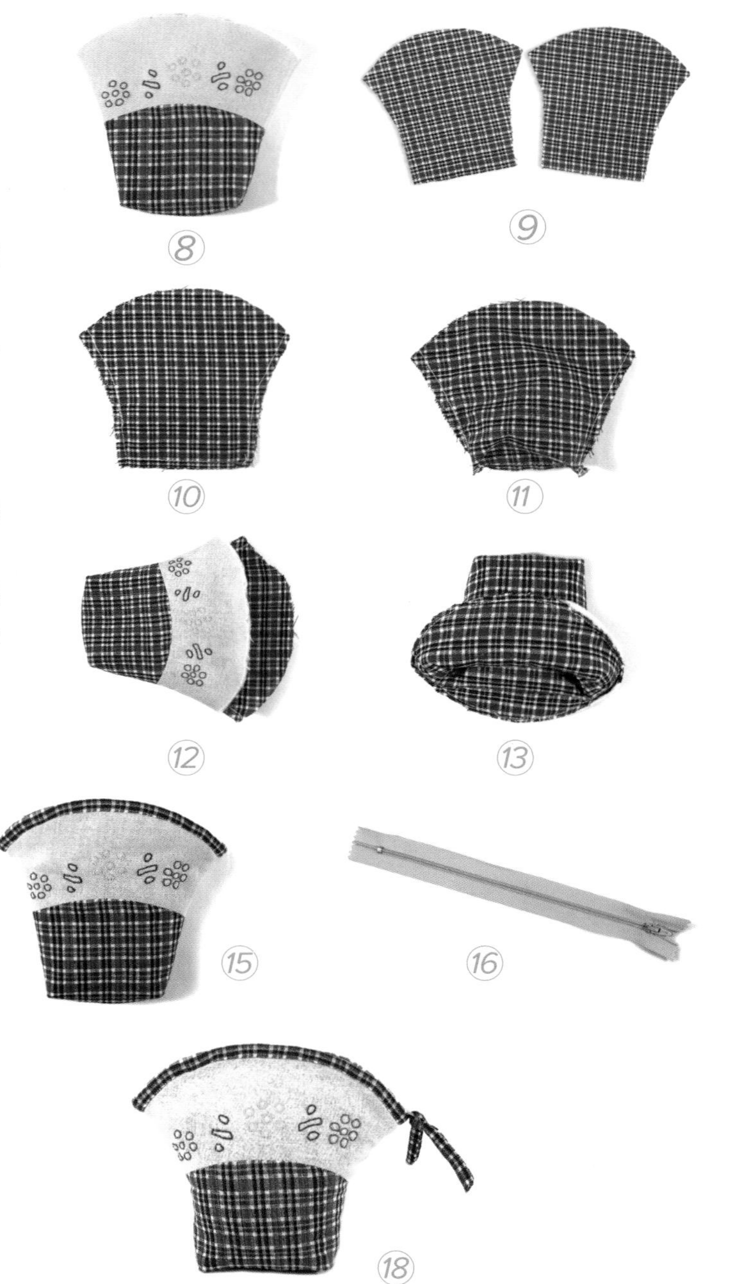

Dai tu zhi jin tao

呆兔纸巾套

纸巾是日常生活中的必备品，它的重要性可想而知，所以，可要为它好好地设计一个可爱的“家”哦！

纸样图

材料 紫色花布，紫色方格布，扣子两颗，绣线，PP 棉适量

玩法

1. 根据纸巾盒的尺寸大小用紫色花布剪长方形布条两片，作为纸巾盒套的顶部布块。
2. 用紫色花布剪出两片长方形布条，作为纸巾盒套的侧面布块。
3. 用紫色花布剪出两片长方形布条，用作纸巾盒套的侧面布条。
4. 将步骤 2 与步骤 3 的布条如图缝合在一起。
5. 两片缝合好的布片。
6. 将步骤 1 的布片如图对折并把一侧缝合。

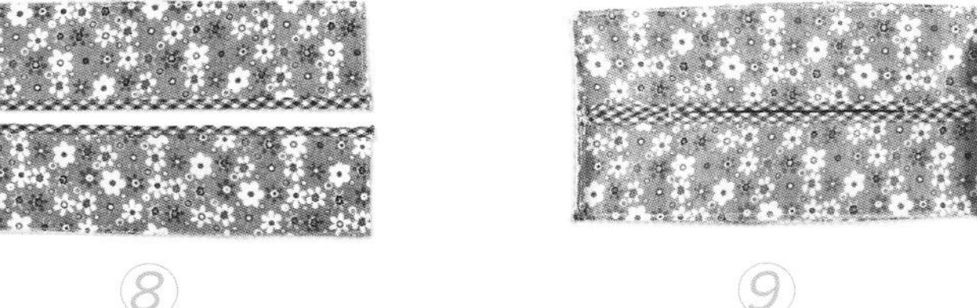

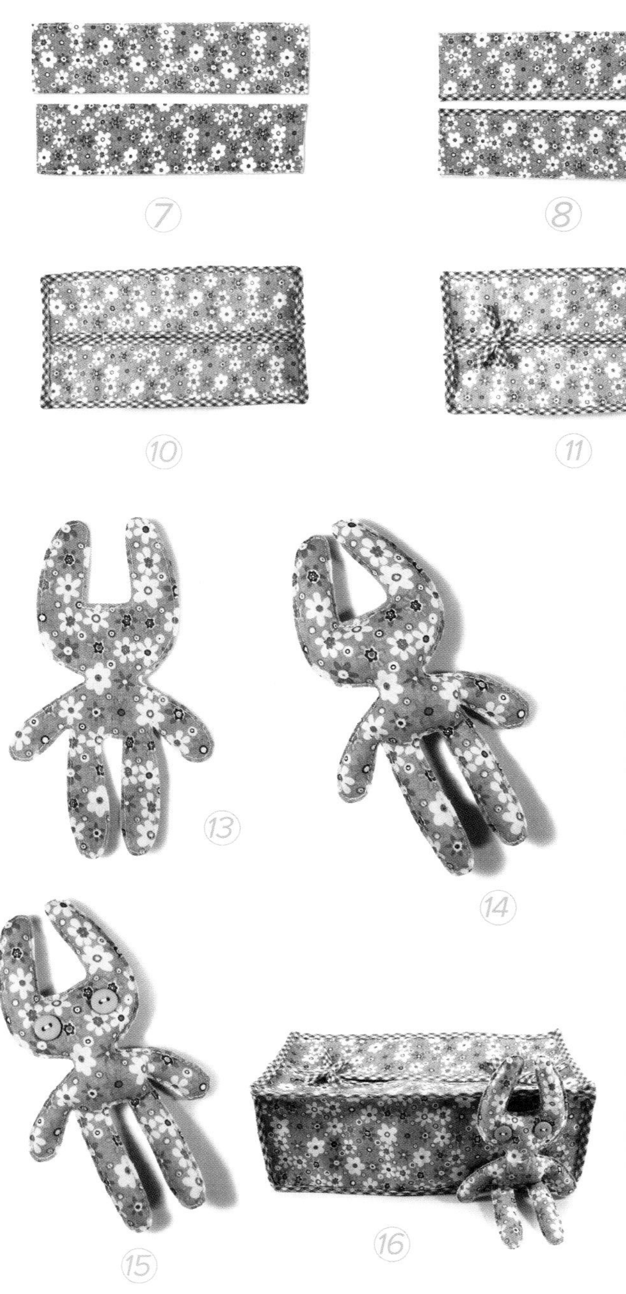

7.步骤1的另一块布片同样对折后缝合一侧。

8.如图用紫色方格布将每片的一侧包边。

9.包好边后两侧缝制在一起，然后与步骤4完成的部分缝在一起。

10.缝制完后用布片把四周包边（如图所示）。

11.用紫色方格布系两个蝴蝶结，并缝制在如图位置上。

12.开始做装饰物。首先用紫色花布剪出两片兔子形状的布片。

13.将两片相对缝合一圈，后背剪一个1.5厘米的小口做充棉口。

14.填充好PP棉。

15.取2颗扣子作为玩偶的眼睛。

16.把缝制好的装饰玩偶和纸巾盒套缝合在一起，一款可爱的纸巾盒套就完成了。

Tiao pi mao chuang lian kou

调皮猫窗帘扣

你知道吗？一个小小的窗帘扣就能成为整个窗帘的点睛之笔呢！因此，不如自己动手做一个既可爱又具有独特个性的小动物窗帘扣吧！

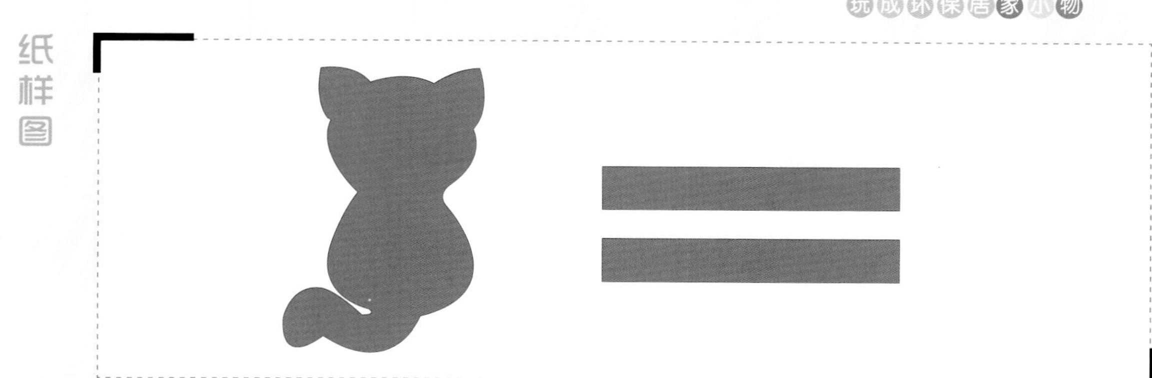

材料 红色方格布，橘黄色不织布，白色花边，魔术贴 1 对，橘色扣子两颗，绣线，PP 棉适量

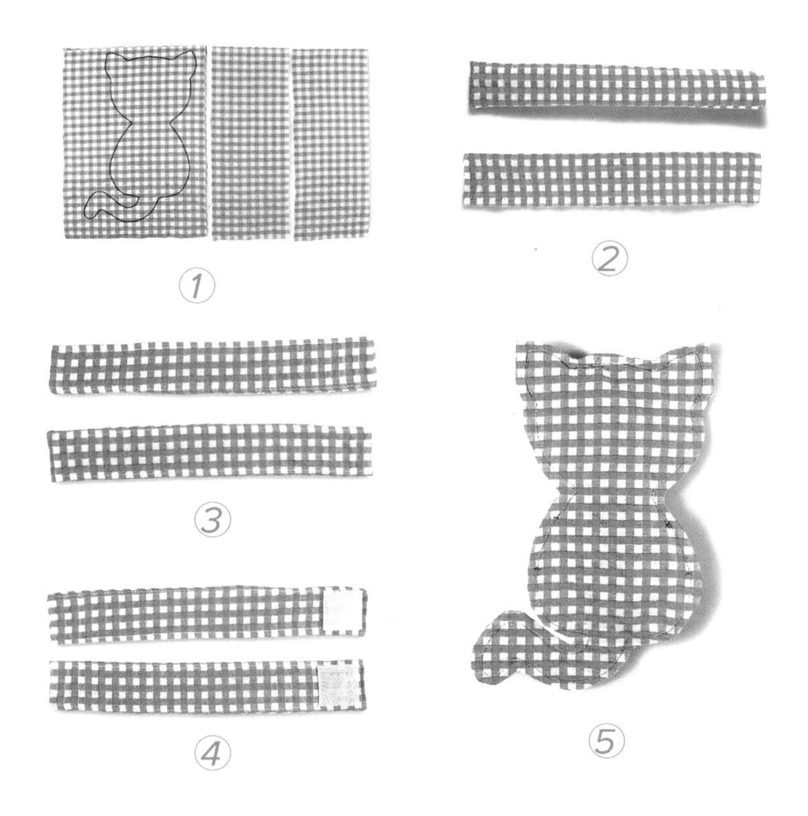

玩法

1. 在红色方格布上画出小猫的形状，然后如图剪出两块相同尺寸的长方形布条。
2. 把两块布条分别对折缝合，然后翻转过来。
3. 翻转过来后压上明线。
4. 将魔术贴的两面分别缝制在两片长条的一端（如图所示）。
5. 剪出两块小猫形状的布片，将之正面相对后缝合一圈。

6.把布条放进小猫身体的左右两侧，沿着画好的铺助线缝合一圈（标线处为左右缝制的魔术贴布条）。

7.将周围多余的布剪掉，留5毫米的边距，并打上牙口。然后在背部剪一个2厘米的小口并将小猫翻转过来（如图所示）。

8.将小猫填充好PP棉，整理好形状。取一块不织布，剪出1个心形，缝制在身体上。

9.缝制好的样子。

10.将白色花边环绕脖子缝制一圈。

11.将两只橘色扣子缝在小猫头部作为眼睛。

12.完成调皮猫窗帘扣的缝制，即可用来束窗帘。

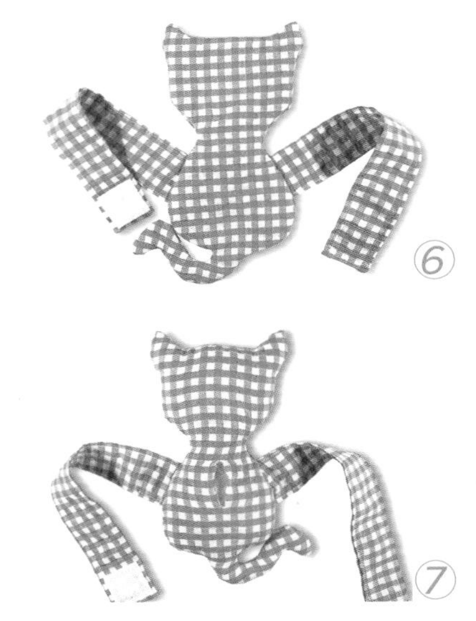

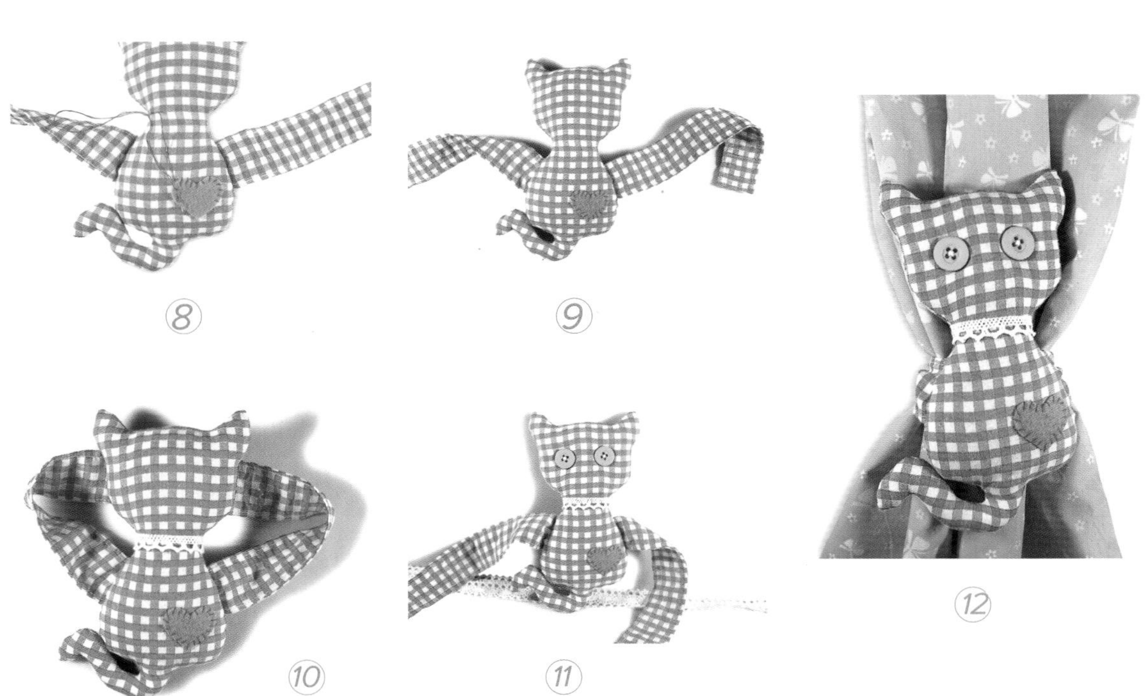

Sui hua
ge re shou tao

碎花隔热手套

拿出用微波炉加热的食物的时候，一不小心就会烫到手，为防止这一情况的发生，您可能需要这一款隔热手套哦。

纸样图

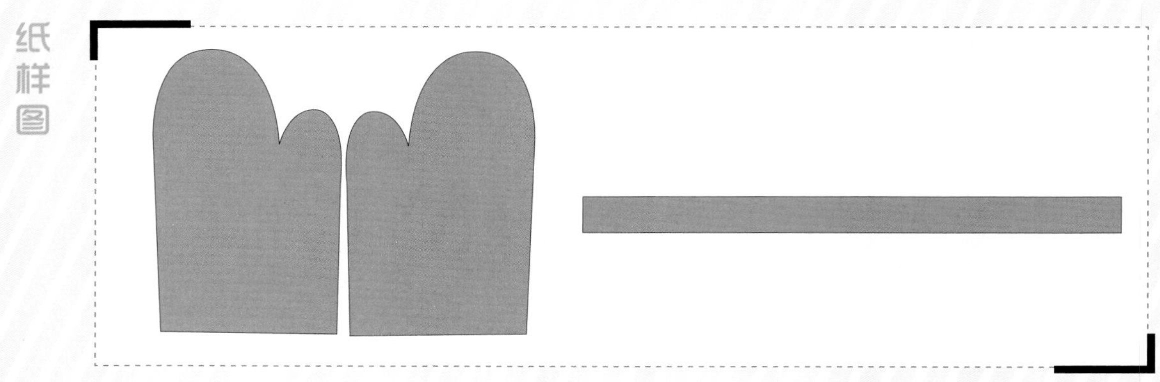

红色碎花布，黑白方格布，绣线，铺棉

1.如图剪出手套的形状（表布两片，里布两片，布条1根）。
2.把剪好的两块表布铺平。
3.准备两块和表布尺寸相符的铺棉。
4.将两块剪好的里布铺平。
5.剪两块白色的内里布。
6.在内里布上画上对称的小方格。
7.将1块表布、铺棉、内里布对齐，按画好的小方格压线，另外一边也照此法做出来。

①

②

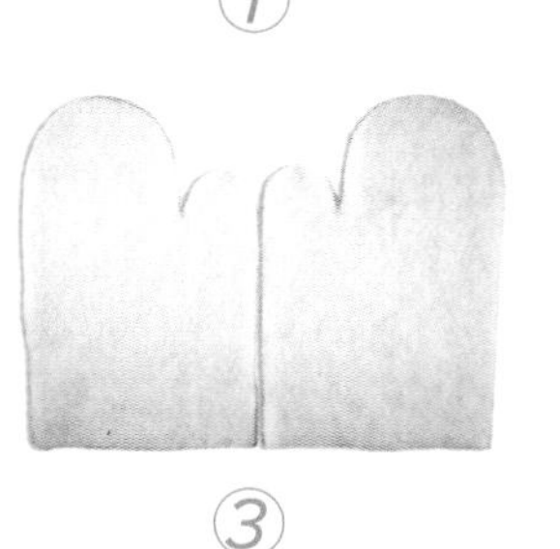
③

④

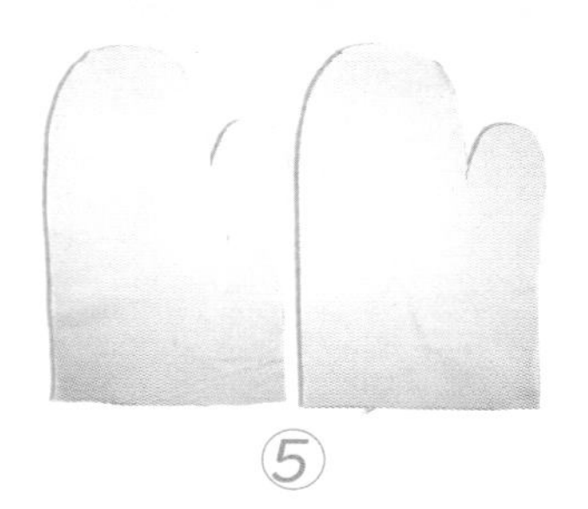
⑤

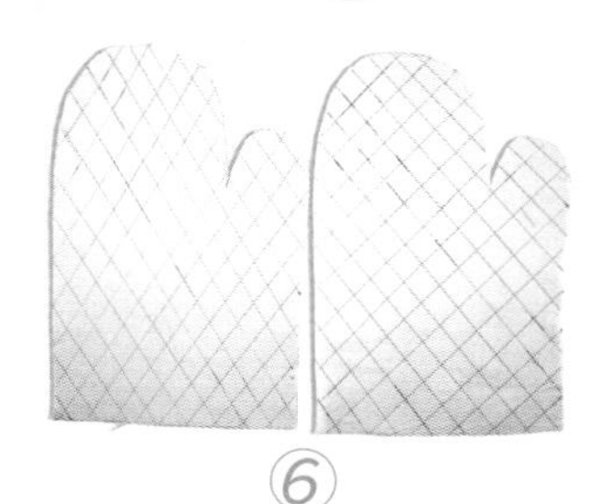
⑥

⑦

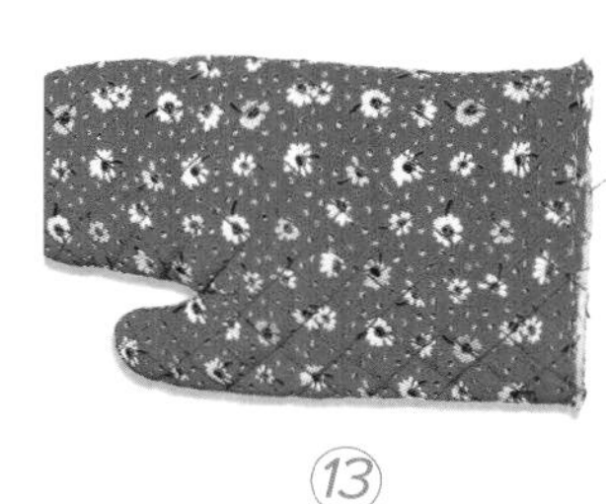

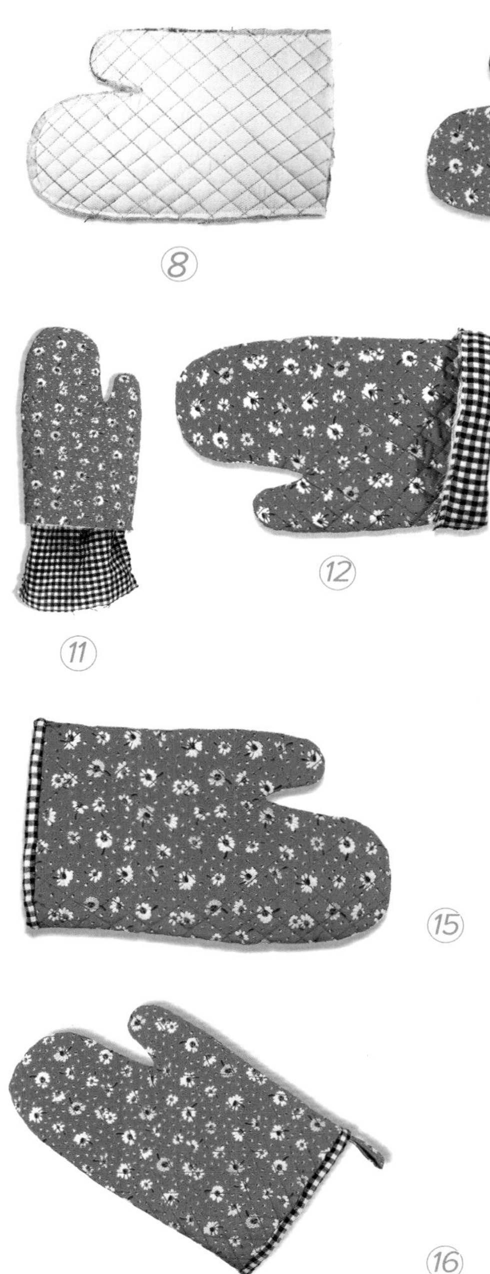

8.将两块压好线的手掌面和手背面相对缝合，留出一侧。

9.缝制好后翻转过来。

10.将2块里布缝合。

11.将缝好的里布直接套入手套里面。

12.将里布与表面对齐，用针线固定。

13.完成后的样子。

14.用事先准备好的布条将手套口包缝一圈。

15.包完边的样子。

16.做一条可以挂的带子缝在手套上。一款简单的厨房隔热手套就完成了。

Pin bu hua kuang

拼 布 画 框

用可爱的花朵传达出生活的美好意境，将它摆放在家中，必定成为一道温馨而又浪漫的风景。

纸样图

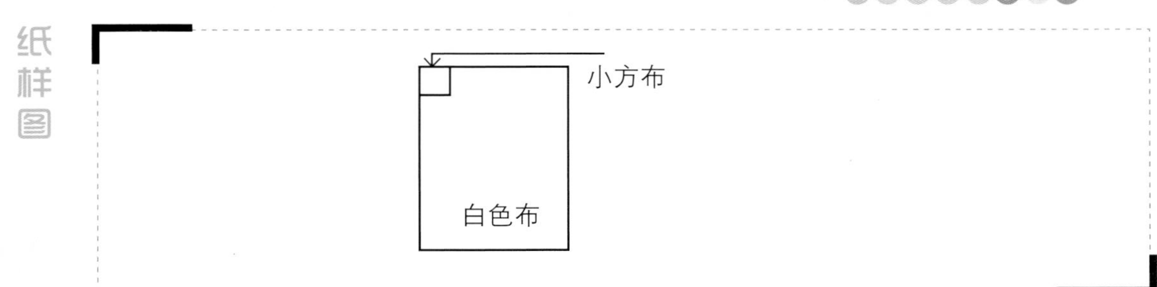

材料 白色棉布，各式印花布片，相框1个，各色绣线

玩法

1.根据纸样图用白色棉布和各式印花布片剪出1块大长方形和多块小方形布片。
2.将2片小布片缝接在一起。
3.缝接好5片小布片。
4.再缝接好4片小布片。
5.另外缝接好5片小布片。

6.最后缝接好3片小布片。

7.将1条缝接好5片小布片的布条和白色布片正面相对，缝好一边。

8.将小布条翻转至正面，用锁边针缝好另一边。

9.将另一条缝接好5片小布片的布条缝在白色布片的另一侧。

10.用同样的方法缝好第三条布条。

11.把所有的布条缝在白色布片上。

12.用各色绣线在白色布片上绣出小花和英文。

13.将步骤12完成的布片装裱在相框内，完成拼布画框的缝制。

Xin xing bao zhen

心形抱枕

这款爱心抱枕可放在沙发、椅子等坐具上，不仅可以调节坐具的高度、斜度，还可增加柔软度，使人感到舒服，随时为你消除疲劳。

纸样图

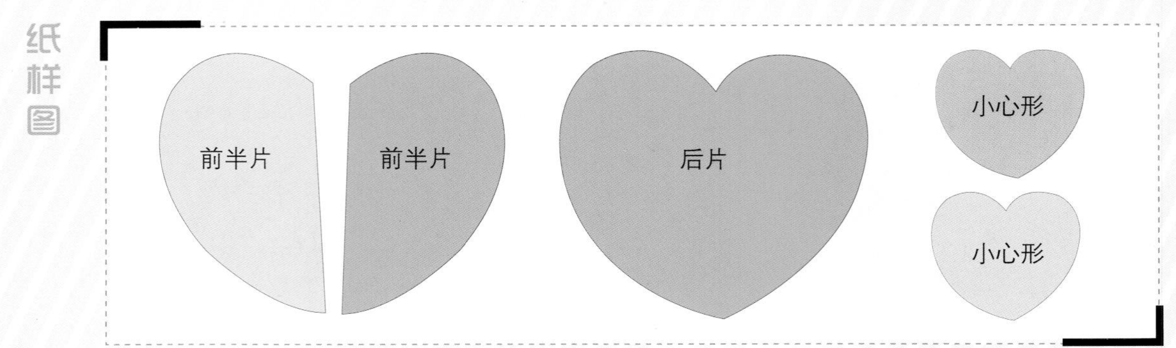

材料 粉红色、浅粉色、天蓝色绒布，花边 1 条，绣线、PP 棉适量

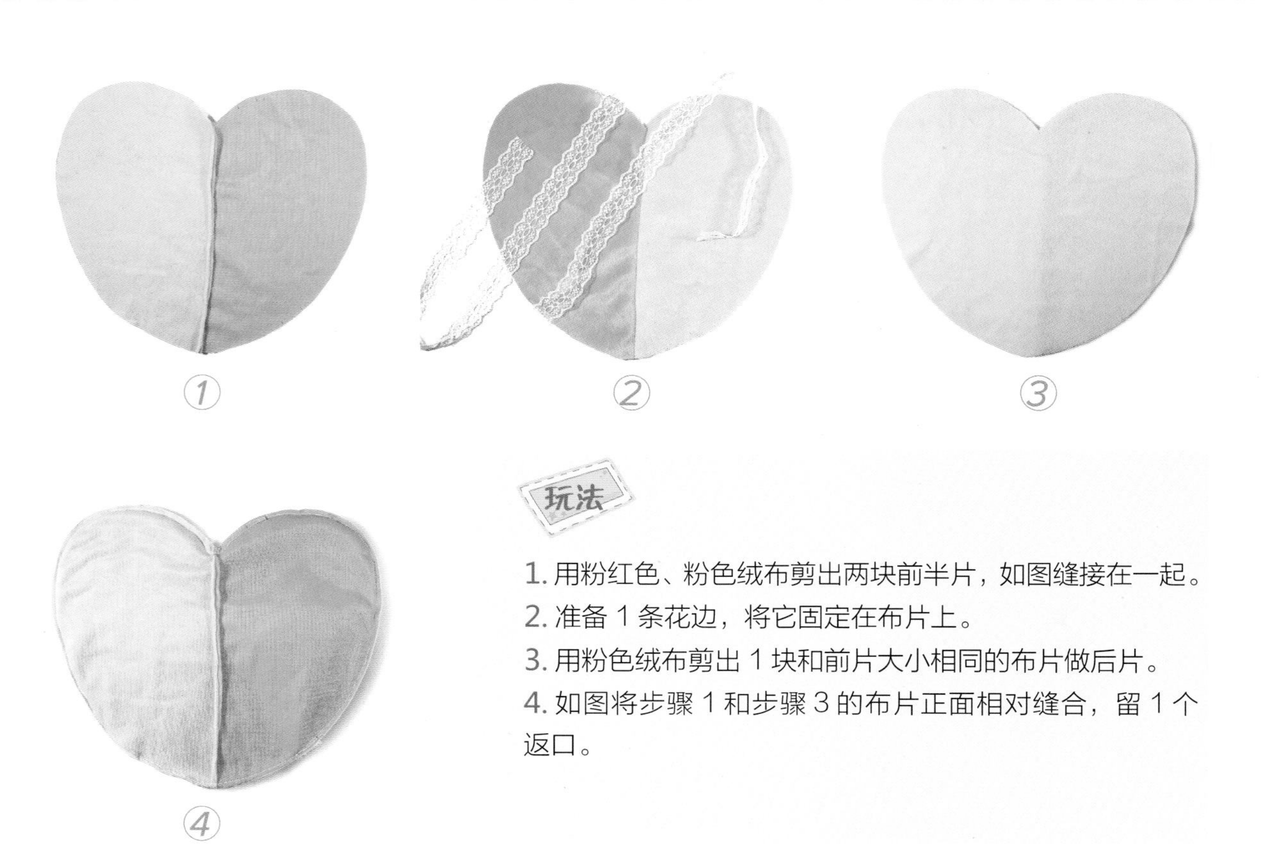

玩法

1. 用粉红色、粉色绒布剪出两块前半片，如图缝接在一起。
2. 准备 1 条花边，将它固定在布片上。
3. 用粉色绒布剪出 1 块和前片大小相同的布片做后片。
4. 如图将步骤 1 和步骤 3 的布片正面相对缝合，留 1 个返口。

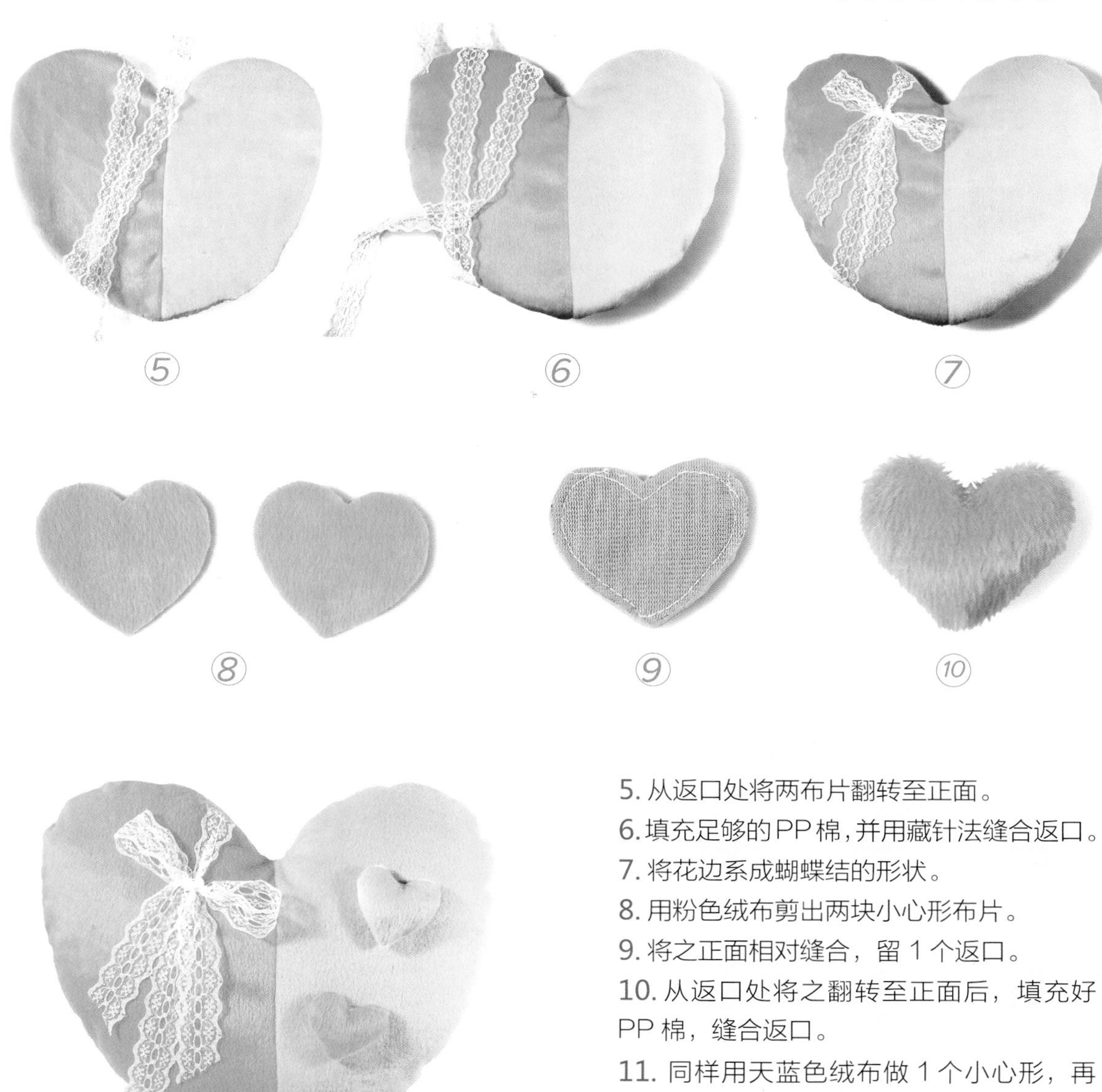

5. 从返口处将两布片翻转至正面。
6. 填充足够的PP棉，并用藏针法缝合返口。
7. 将花边系成蝴蝶结的形状。
8. 用粉色绒布剪出两块小心形布片。
9. 将之正面相对缝合，留 1 个返口。
10. 从返口处将之翻转至正面后，填充好 PP 棉，缝合返口。
11. 同样用天蓝色绒布做 1 个小心形，再把两颗小心形缝在大的心形上。一个舒服的抱枕就完成了。

Kitty
yan jing tao

Kitty 眼镜套

戴眼镜的姐妹们这下可找到一个拿、放眼镜的好去处了，自己动手做的眼镜袋既具独特个性又实用，真是一举两得啊！

纸样图

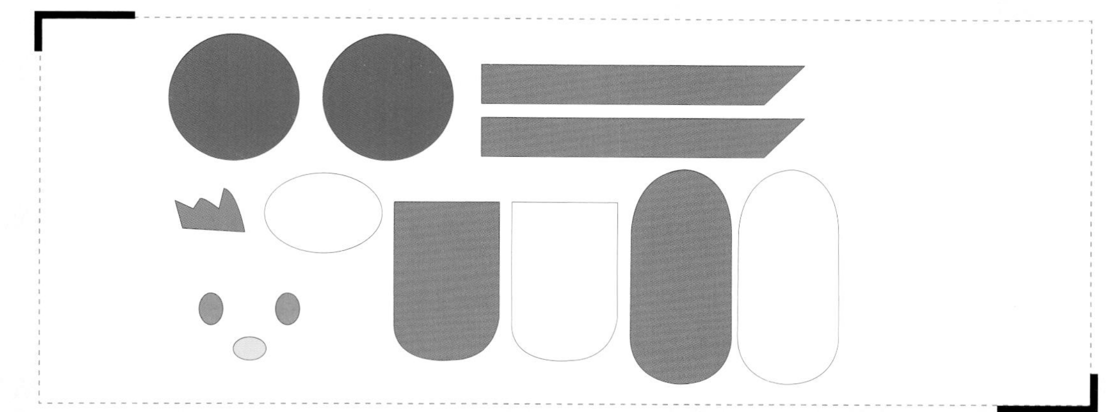

材料 深红色方格布，白色棉布，红色、白色、黑色、黄色、粉红色、绿色不织布，暗扣1个，铺棉，绣线，PP棉适量

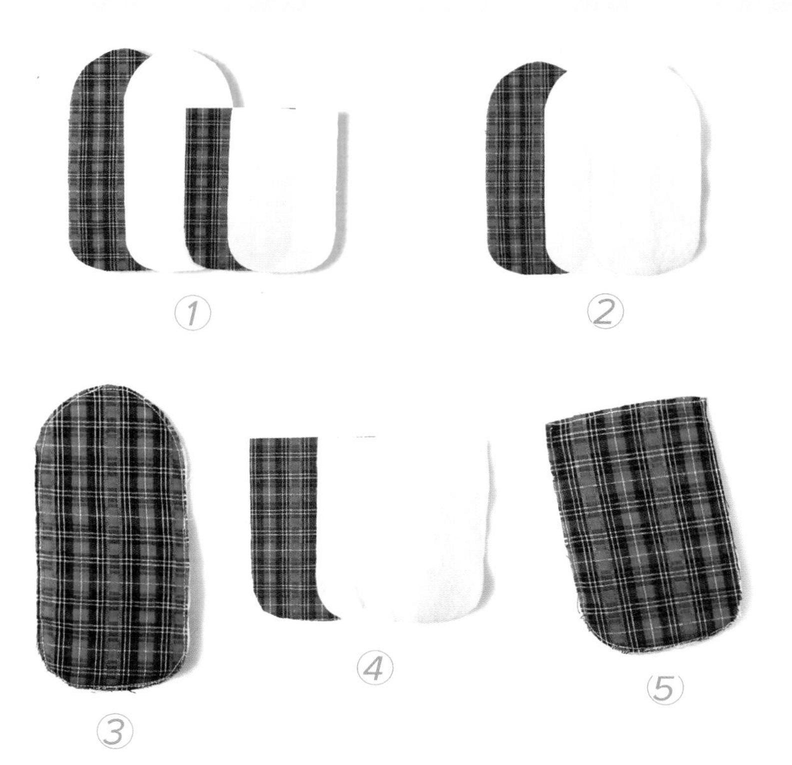

玩法

1.用深红色方格布和白色棉布剪出4块如图形状的布片，其中深红色方格布片为表布，白色棉布布片为里布。
2.剪出1块和方格布相同尺寸的铺棉。
3.将表布、铺棉、里布重叠铺平，并缝制一圈。
4.剪出1块和方格布大小形状相同的铺棉。
5.将表布、铺棉、里布重叠铺平并缝合一圈。

6.剪出2块宽3厘米的布条。
7.取其中一块布条给步骤5包边（如图所示）。
8.如图把完成好的步骤3和步骤7对齐缝合。
9.取一块长的布条如图包边。
10.在眼镜袋上缝制黑色暗扣。
11.扣好后的样子。
12.用一块布条做蝴蝶结。
13.将蝴蝶结缝制在袋沿上。
14.现在开始做眼镜袋的装饰物。首先剪出各片形状。

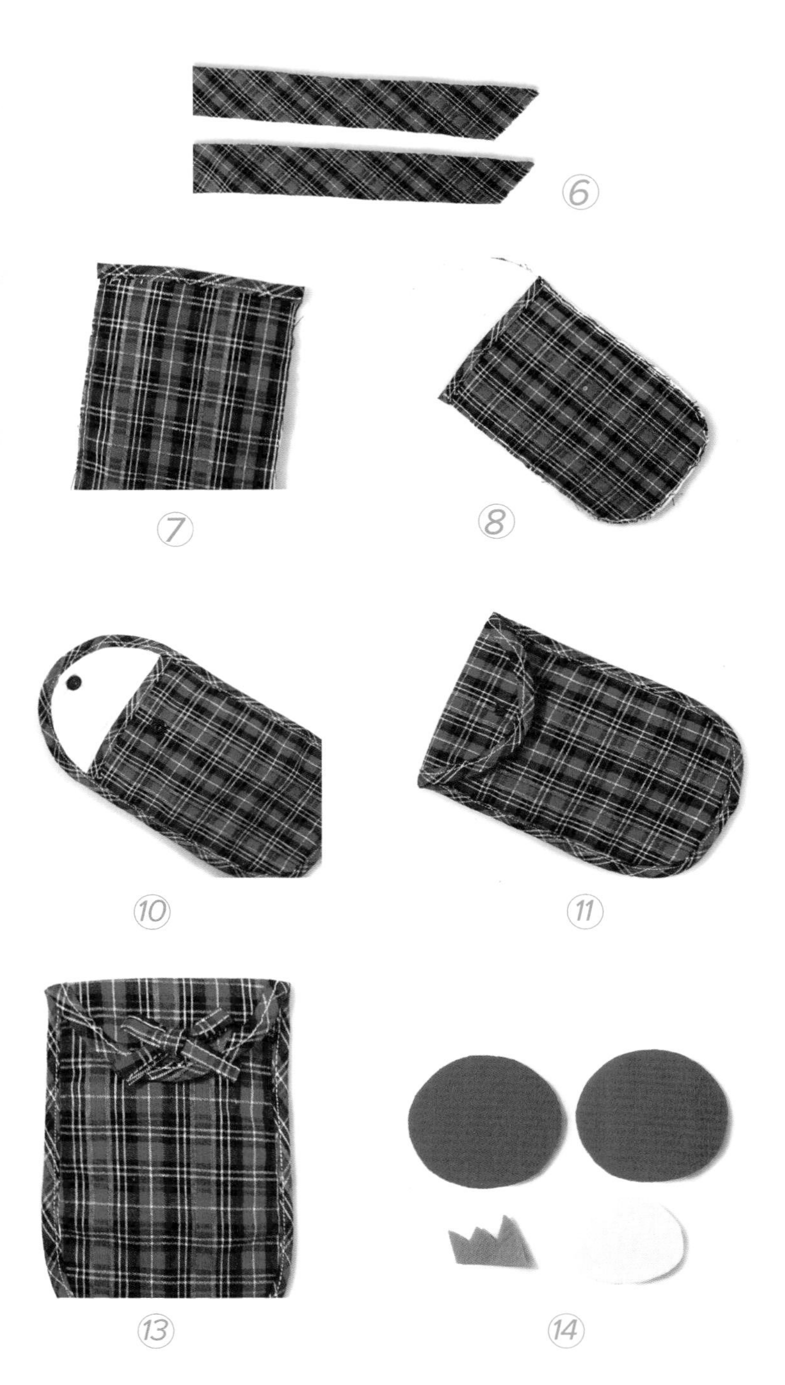

15.如图将白色脸片和红色片缝合在一起。

16.将眼睛和鼻子缝合，注意缝制的时候要用与布片颜色相同的线。

17.用黑色线缝制出胡须。

18.将脸片和后脑片相对缝合，在缝制的过程中将足够的PP棉填充在里面。

19.缝制好的样子。

20.做1个小蝴蝶结缝制在头上。

21.将绿色的布片剪成叶子形状缝制在头顶上，可爱草莓Kitty就做好了。

22.将草莓Kitty缝制在眼镜套上，完成Kitty眼镜套的缝制。

Zhi wu pin pan

置物拼盘

运用鲜亮的色彩搭配耀眼的金色扣子，是营造视觉的绝妙武器，能令整个空间变得生动起来。不需要太多工夫就可以做到哦。

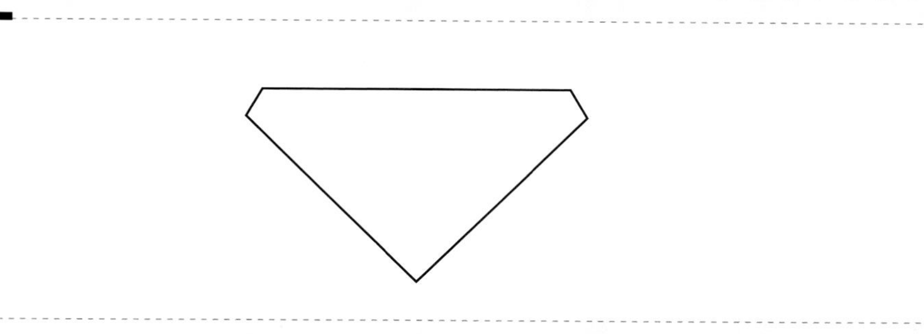

材料 白色印花布，绿色、红色布片，银色和金色扣子 5 颗，绣线

玩法

1.根据纸样图剪出各色布片，其中绿色两片，红色4片，白色印花4片，准备好其他材料。

2.将两片白色印花布片正面相对，用珠针固定。

3.缝合一周，留返口。

4.从返口处将布片翻转至正面。

5.用藏针法缝合返口。

6.用同样的方法缝制好另外两片白色印花布片。

7.将绿色布片用同样的方法缝合。

8.红色布片也同样用珠针固定好。

9.缝合红色布片。

10.用同样的方法将其他的布片缝合好。

11.将红色和白色三角布缝合，上端留有大约5cm不用缝。

12.红色三角布的另一边再缝接另一块白色三角布。

13.继续缝接上另一块红色三角布。

14.用同样的方法缝接绿色三角，并拼接成一个五边形。

15.两个角交错缝合，如图与银色扣子一起固定好。

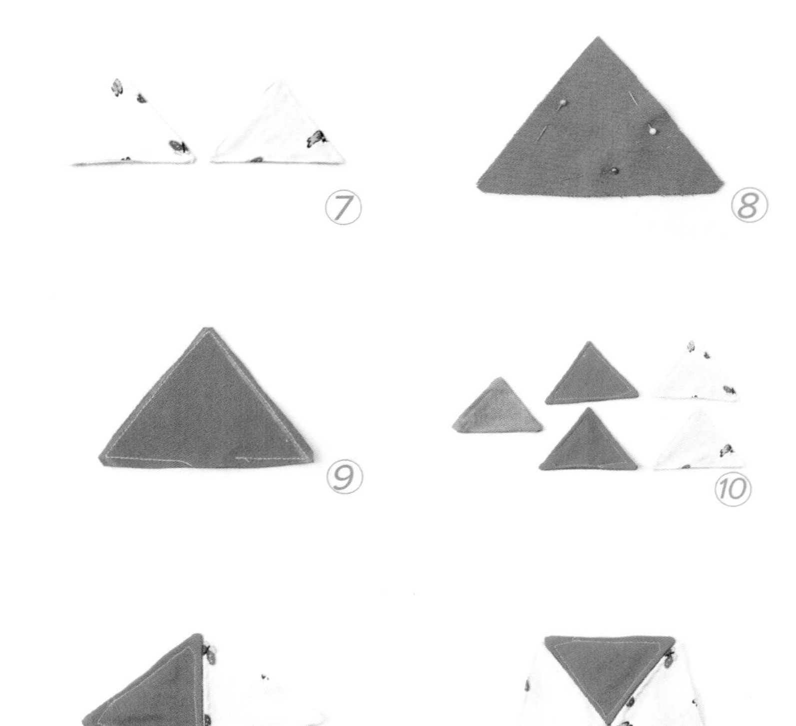

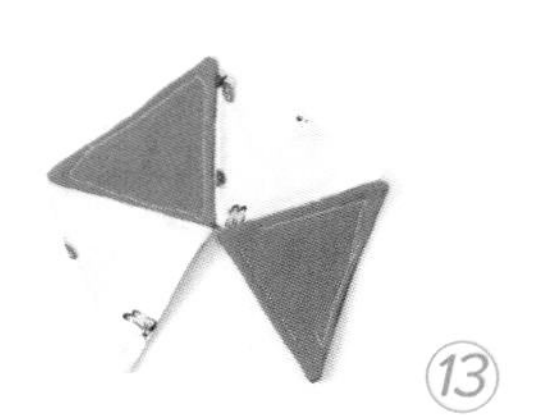

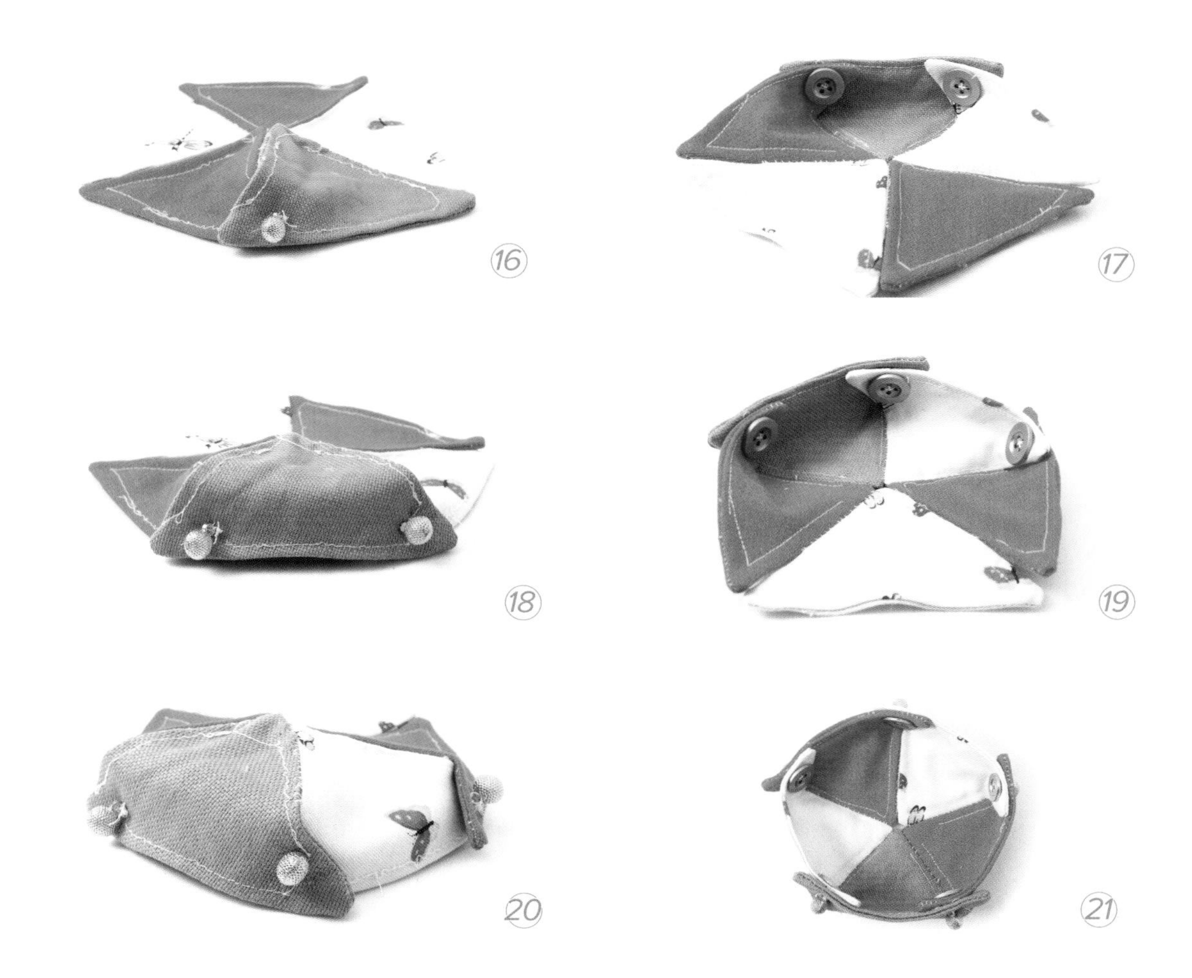

16.反面缝上一枚金色扣子。
17.另外两个角同样也缝合上银色扣子。
18.反面再缝上金色扣子。
19.继续缝合第三枚银色扣子。
20.再在反面缝上金色扣子。
21.用相同的方法缝合所有的扣子，完成置物拼盘缝制。

Xiao zhu bei dian

小 猪 杯 垫

在可爱的动物表情杯垫上，是不是觉得杯中的茶或牛奶也变得特别好喝了呢？简单可爱的小猪让你打从心眼里喜欢吧！

纸样图

材料 白色、黑色、咖啡色、橘色、浅蓝色不织布，绣线

玩法

1.剪出小猪头部各部位的形状。
2.把两只内耳缝在小猪头上。
3.把两个鼻孔缝在鼻子上。
4.把鼻子缝在适合的位置。
5.把眼睛缝在脸上。
6.将缝制好的脸和后脑对齐，缝制一圈。一款简易实用的猪猪杯垫就完成了。

Xiao niu di dian

小　牛　地　垫

小小的地垫，作用还真不小呢，冬日可垫在冰凉的地板上，夏日还可作为宝宝的地毯呢！

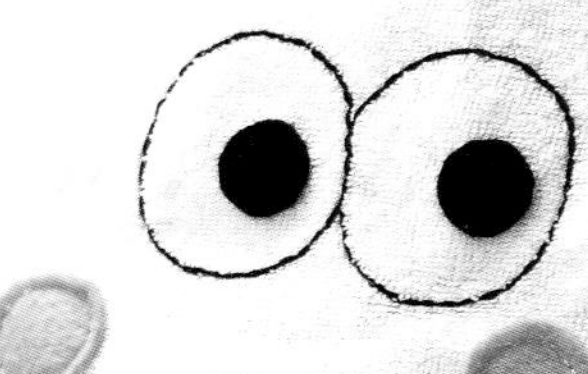

纸样图

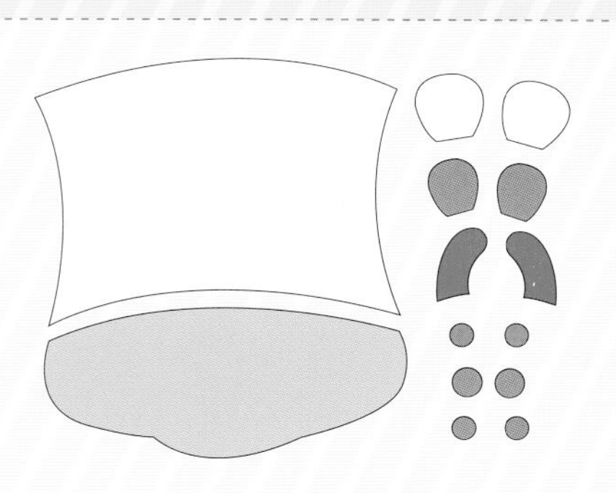

材料 白色、黄色毛巾布，黑色、粉红色、蓝色不织布，绣线

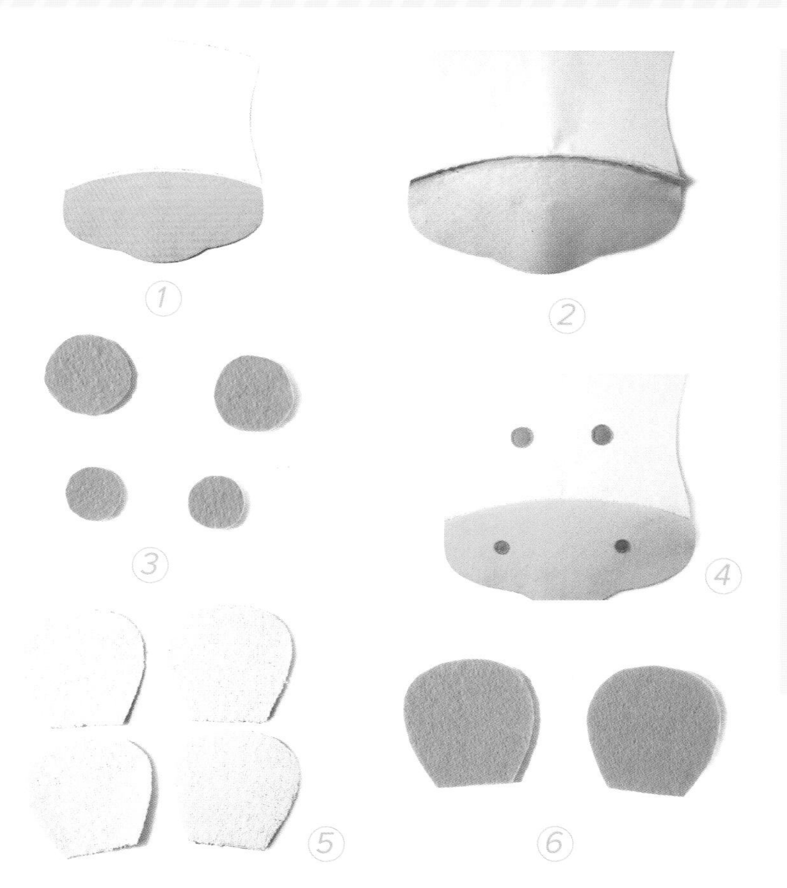

玩法

1.用白色、黄色毛巾布分别剪出两套如图形状的布块。

2.从反面将两片缝合在一起。

3.用粉红色不织布剪出鼻孔和腮红。大的作腮红，小的作鼻孔。

4.把腮红和鼻孔分别缝在合适的位置上（如图所示）。

5.用白色毛巾布剪出4块耳朵形状的布块。

6.用粉红色不织布剪出2块内耳形状的布块。

7.分别把内耳缝在其中一块外耳上。
8.每两块外耳相对缝合并翻转过来（如图所示）。
9.用浅蓝色不织布剪出4片牛角的形状。
10.将每两片正面相对缝合。
11.把耳朵和牛角固定在脸片上（如图所示）。
12.如图将两大片布料正面相对缝合一圈，并留出返口。
13.翻转过来后铺平，然后在垫子的周围缝制一圈5毫米的明线。
14.用笔画出眼睛的轮廓。
15.用黑色线绣制出眼睛。
16.用黑色不织布剪两片黑色的小圆片做眼珠并缝在合适的位置上。
17.用熨斗烫平，一款可爱的卡通地垫就完成啦。

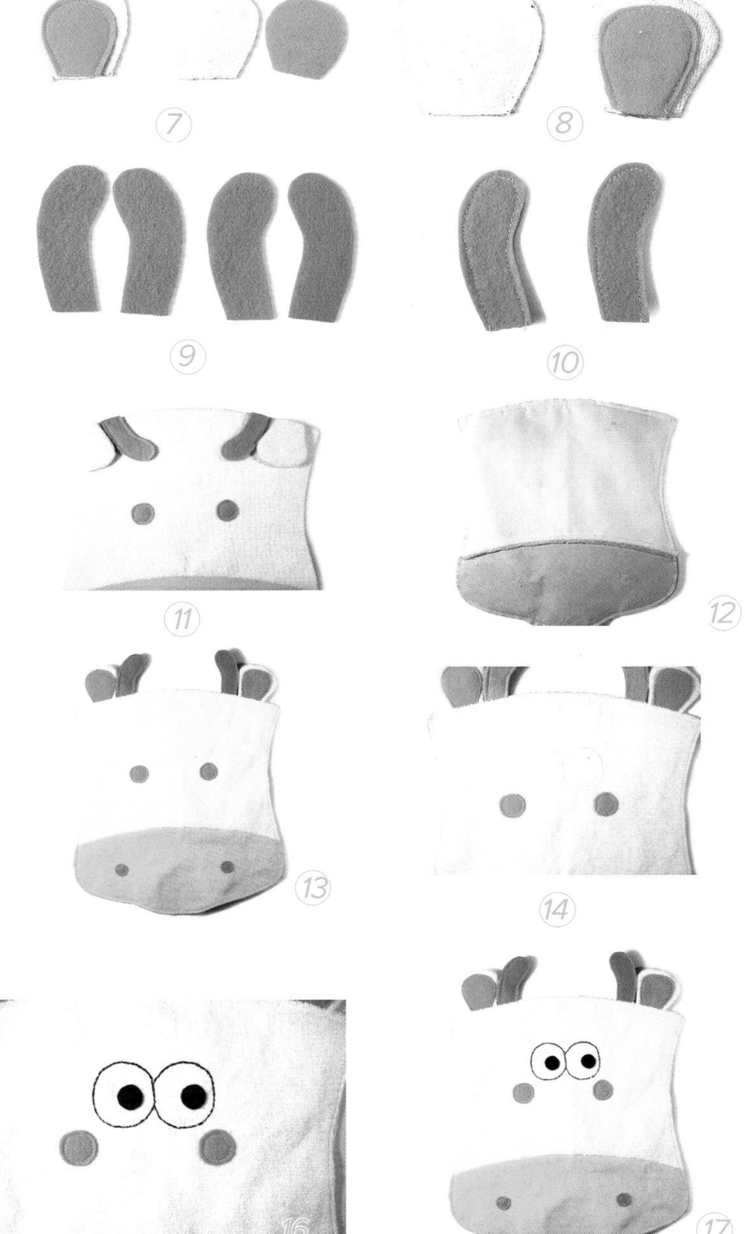

Hua bian zuo dian

花边座垫

纯白打底，舒适柔软，撒下几只昆虫飞舞，便是生活逸趣。

纸样图

A版

材料 白色印花布，滚边布 1 条，花边 1 条，铺棉

玩法

1.根据纸样图用白色印花布剪出两块布片，用铺棉剪出两块同样大小的方形片，准备好其他材料。

2.将1片白色印花布片与1块铺棉对齐，用珠针固定。

3.另外一片白色印花布片和铺棉也用珠针固定。

4. 将步骤2和步骤3的两组方形片反面相对，用疏缝针缝合。

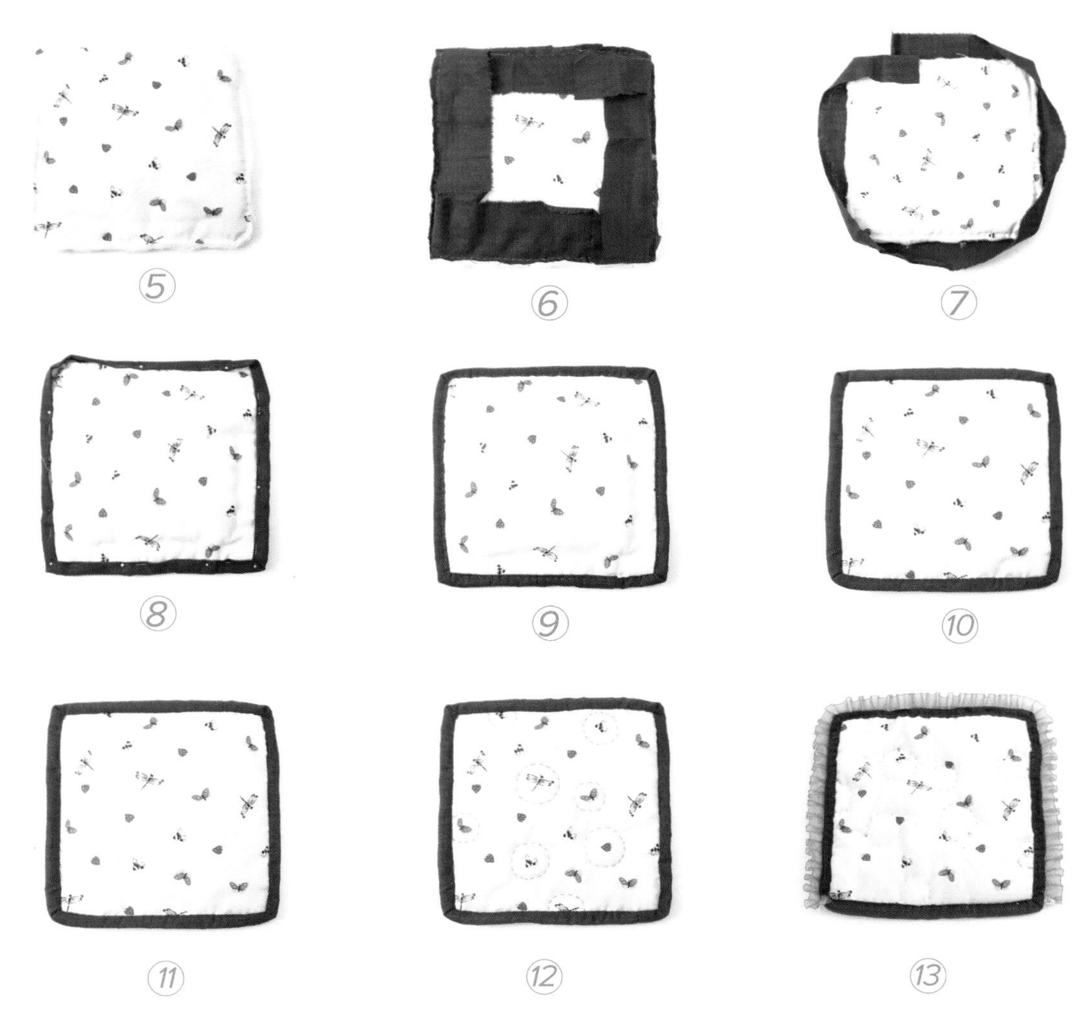

5.将两组方形片缝合好。

6.用滚边布条绕方形片一周。

7.翻至另一面。

8.将滚边布条的另一边向内折两次，并用珠针固定在方形片上。

9.用平针缝合好滚边布条。

10.拆去方形片上的疏缝针。

11.用气消笔在方形片上面画圆圈。

12.用平针缝出圆圈。

13.将花边缝合在方形片的三个边上，完成花边座垫的缝制。

Fen xiong zuo dian

粉 熊 座 垫

嫌板凳太硬，那就缝制一个软软的座垫吧，朝着你微笑的小熊座垫也可当作礼物送人呢。

纸样图

材料 浅粉色、黄色、黑色、鹅黄色、浅红色不织布，粉红色布片，红色碎花布，绣线，PP 棉适量

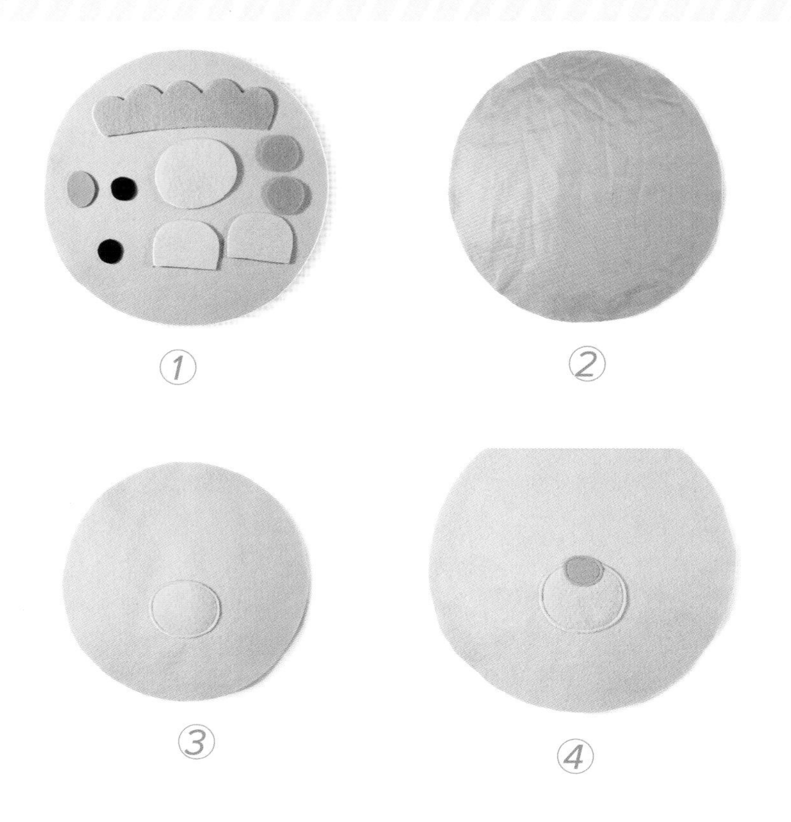

玩法

1.用不织布剪出各部位的形状（如图所示）。

2.用粉红色布片剪出1块大一点的圆形布。

3.如图把黄色嘴巴片缝制在合适的位置上。

4.把鼻子缝制在嘴巴上面（如图所示）。

5.将眼睛缝制在如图的位置上。

6.把两块腮红布片缝制在脸片上。

7.把脸片缝制在剪好的圆形布片上，在缝制过程中把耳朵和头发也一起缝合在圆形布上。

8.剪出1块和圆形布片大小相同的圆形布片。

9.将两片相对缝合并留出返口。

10.从返口处翻转至正面。

11.填充足够的PP棉，然后把充棉口用藏针法缝合。

12.剪出1块长方形小布片。

13.将它做成1个蝴蝶结。

14.把做好的蝴蝶结如图缝制在耳朵的旁边，完成粉熊座垫的缝制。

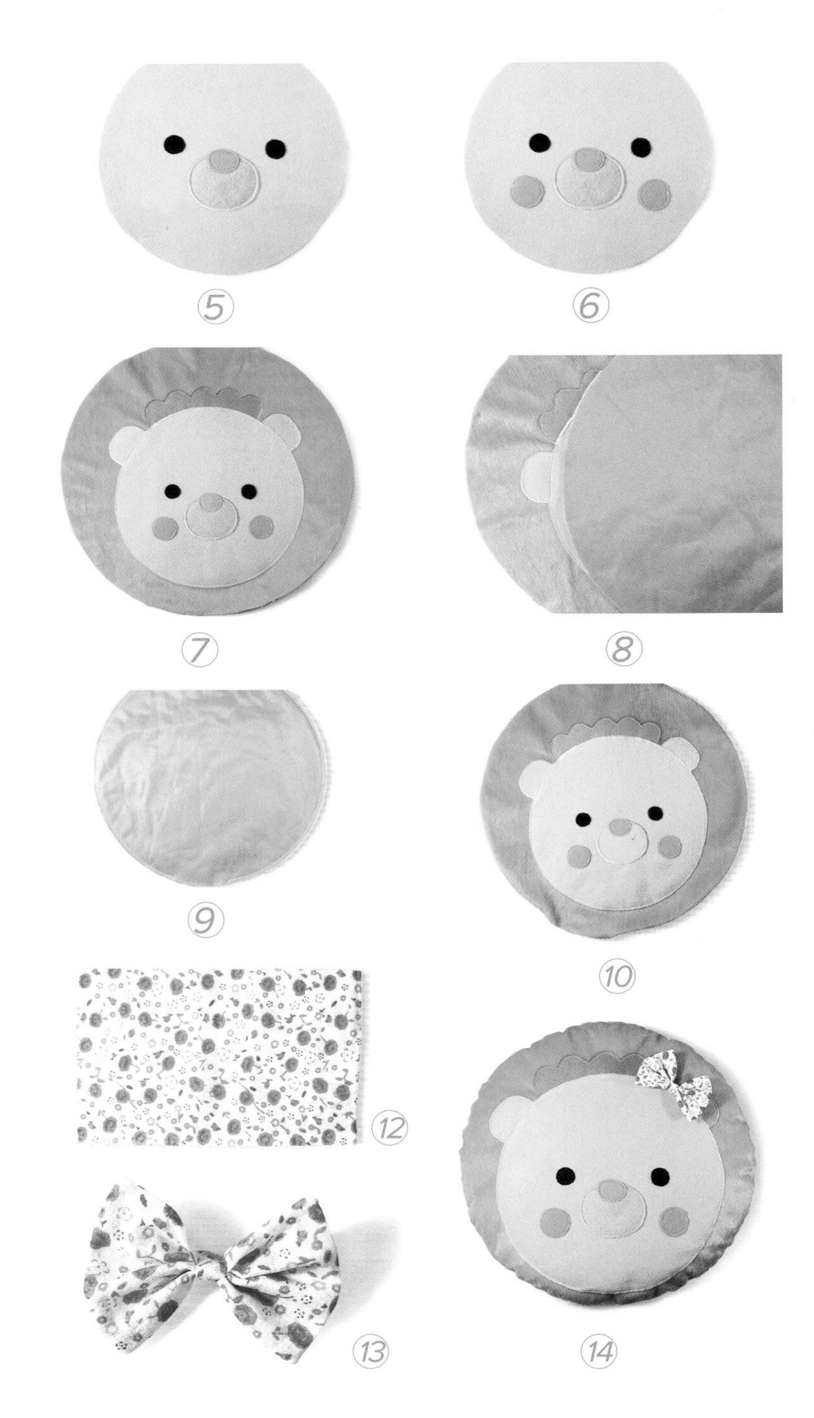

Ying tao shui hu dai

樱桃水壶袋

碎花主打，加上两枚熟透的樱桃，打造记忆里纯真清新的校园生活，令人感觉舒适温暖。

纸样图

材料 碎花布（用作表布），里布，提手

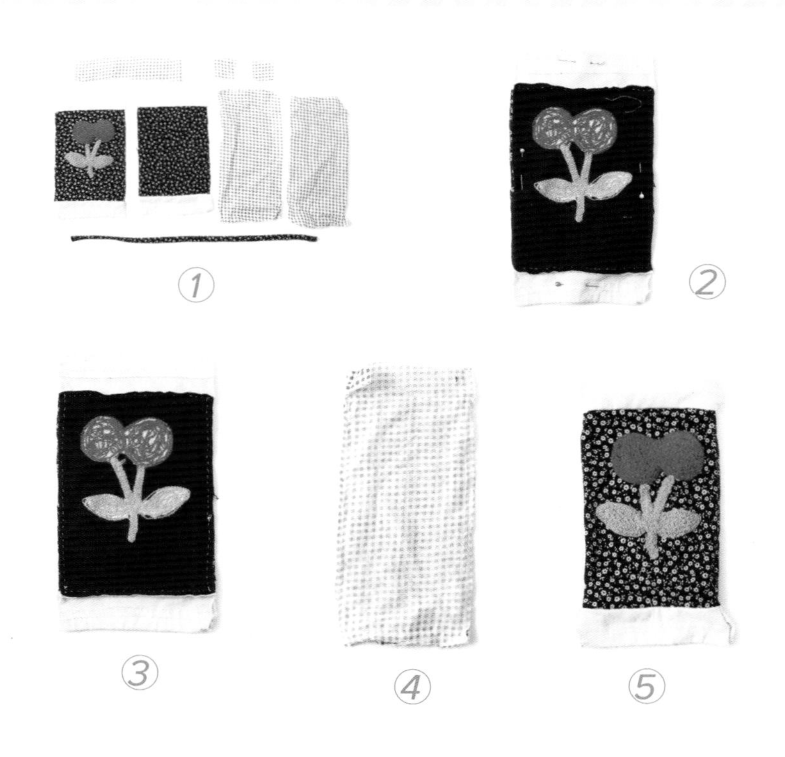

1.根据纸样图剪出各种形状的布片，其中A版表里布片各2片，B版布片1片，C版布片2片。
2.将2片A版表布正面相对，用珠针固定。
3.缝合一周，留一条短边不用缝。
4.A版里布也用同样的方法缝制。
5.将表布翻转至正面。

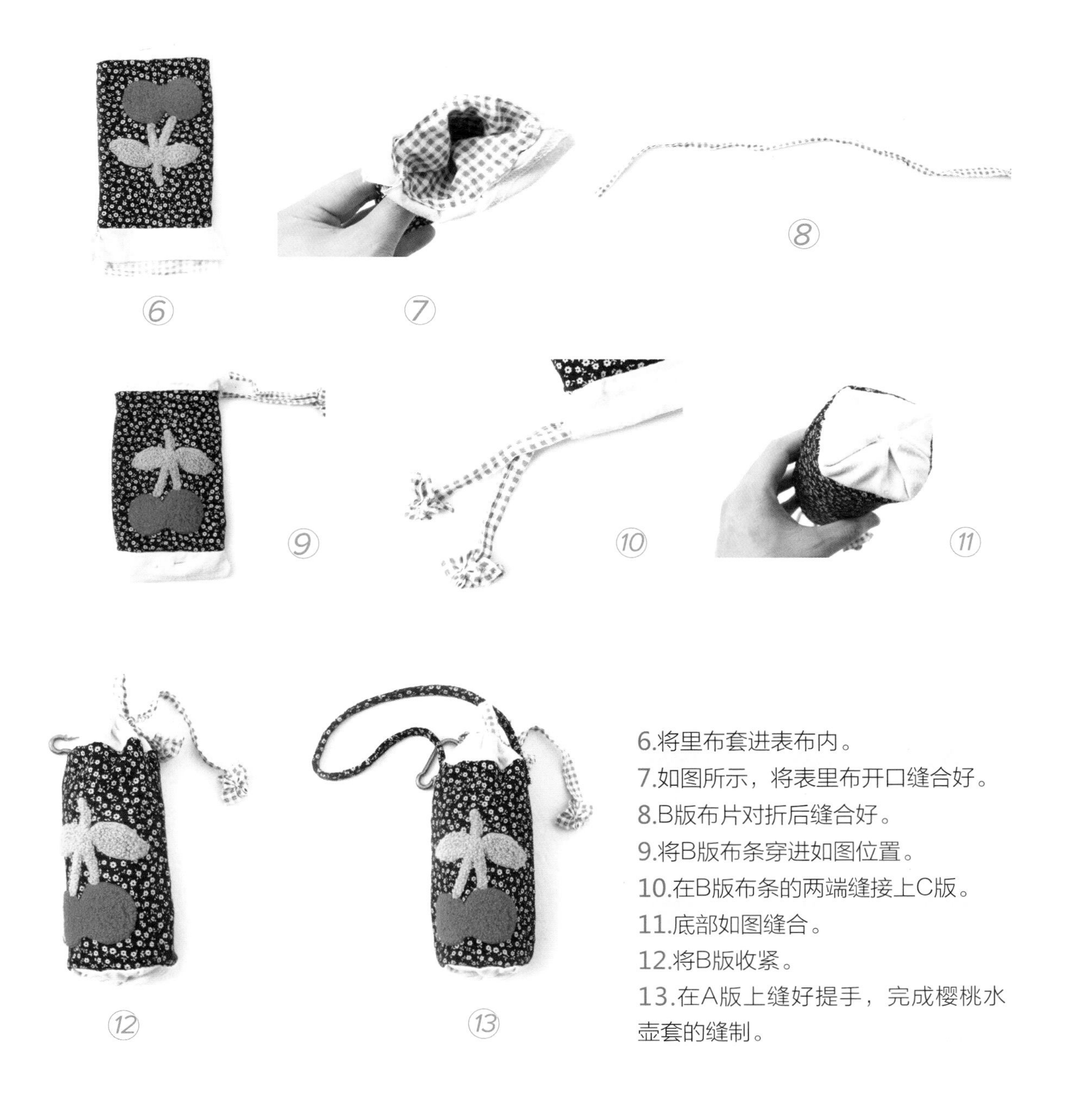

6.将里布套进表布内。
7.如图所示，将表里布开口缝合好。
8.B版布片对折后缝合好。
9.将B版布条穿进如图位置。
10.在B版布条的两端缝接上C版。
11.底部如图缝合。
12.将B版收紧。
13.在A版上缝好提手，完成樱桃水壶套的缝制。

图书在版编目（CIP）数据

布还可以这样玩 / 犀文图书编著. —天津：天津科技翻译出版有限公司，2014.11
ISBN 978-7-5433-3437-3

Ⅰ.①布… Ⅱ.①犀… Ⅲ.①布料—手工艺品—制作 Ⅳ.①TS973.5

中国版本图书馆CIP数据核字(2014)第209609号

出　　版：天津科技翻译出版有限公司
出 版 人：刘　庆
地　　址：天津市南开区白堤路 244 号
邮政编码：300192
电　　话：（022）87894896
传　　真：（022）87895650
网　　址：www.tsttpc.com
策　　划：犀文图书
印　　刷：广州佳达彩印有限公司
发　　行：全国新华书店
版本记录：787×1092　24 开本　6 印张　100 千字
2014 年 11 月第 1 版　2014 年 11 月第 1 次印刷
定价：26.80 元